U0171795

明景华章
——明代应景纹样在当代服装中的传承与创新
北京市教育委员会社科研究计划项目 SM202210012003
赵晓曦／著
中国纺织出版社有限公司

内 容 提 要

本书是北京市教育委员会社科研究计划项目(SM202210012003)《明代应景纹样在当代服装中的传承与创新》的科研成果。

本书以明代服饰图案中的应景纹样作为研究对象，以纹样反映社会阶级、社会活动意涵作为研究思路，运用社会学视角从阶级之景、节气之景、仪式之景三方面进行深入分析，探索纹样背后所蕴含和反映的古代思想理念、社会阶层、文化取向等。在此基础上，将图案纹样应用于当代服装设计，挖掘明代应景服饰图案在当代服装结构、颜色、材料方面的传承与创新设计理念，并汇集教学实践的应景纹样作品案例，以条理清晰、图文并茂的形式呈现给读者，引导读者对中华传统文化进行深入了解，增强读者文化自信心，为设计具有明代传统应景纹样图案特色的创新服装提供参考，同时为探索我国民族服饰文化传承与发展的路径提供助力。

图书在版编目(CIP)数据

明景华章：明代应景纹样在当代服装中的传承与创新 / 赵晓曦著 . -- 北京：中国纺织出版社有限公司，2023.2

ISBN 978-7-5180-9941-2

Ⅰ . ①明… Ⅱ . ①赵… Ⅲ . ①服饰图案 - 研究 - 中国 - 明代 Ⅳ . ①TS941.742.48

中国版本图书馆 CIP 数据核字(2022)第 190914 号

MINGJING HUAZHANG: MINGDAI YINGJING WENYANG ZAI DANGDAI FUZHUANG ZHONG DE CHUANCHENG YU CHUANGXIN

责任编辑：魏 萌 亢莹莹 责任校对：王蕙莹
责任印制：王艳丽

中国纺织出版社有限公司出版发行
地址：北京市朝阳区百子湾东里 A407 号楼 邮政编码：100124
销售电话：010—67004422 传真：010—87155801
http://www.c-textilep.com
中国纺织出版社天猫旗舰店
官方微博 http://weibo.com/2119887771
北京华联印刷有限公司印刷 各地新华书店经销
2023 年 2 月第 1 版第 1 次印刷
开本：889 × 1194 1/16 印张：15 插页：1
字数：232 千字 定价：128.00 元

编委会人员名单

序

应景纹样是明代服饰纹样中重要的一类，在中国传统纹样类型中独树一帜，它的诞生与古代中国人对自然的崇拜和对农业的重视有着极为密切的关系，可以说是一种“刻在中国人基因里”的纹样，而明代晚期高度发达的手工业、商业和服装工艺水平更为应景纹样的发展与成熟增添了许多魅力。

明代晚期，手工业、商业发展，商品经济繁荣，出现了资本主义萌芽，文化艺术世俗化趋势明显，民间艺术多种多样，在辽阔的中华大地争奇斗艳。当时的统治者为了改善宫廷中单调乏味的生活，模仿各地丰富多彩的民俗活动和穿衣打扮，顺应时令节日变换衣着服饰的纹样，从而产生了这种与时令节气相对应的纹样，即应景纹样。顺着“应景”这一思路，我们会发现，纹样不仅可以反映时令节气，从社会学的角度来看，通过纹样体现等级分明的社会阶层与意涵丰富的社会活动也是服饰纹样的功能之一，即通过服饰纹样进一步规训人们的行为方式，协调人与人之间的关系，进而达到加强统治、稳定社会的目的，即所谓的“衣冠之治”。

随着明代封建专制统治的加强，服饰纹样的运用趋势和特点达到了顶峰，一方面，纹样是社会阶级在服饰上的一种映射。明政权建立以后，更曾先后几次更定服饰制度。从《明史》《大明令》等史料中对服饰的纹样、风格、色彩等方面的规定，我们可以看到一个鲜明的权力阶梯和等级结构。其中，十二章纹、品级补纹、赐服纹样等服饰的结合，是通过纹样巩固阶级统治，稳定阶级内部等级次序的极端体现。另一方面，纹样也反映了当时的社会风气、社会活动、文化取向和道德伦理。明代是我国历代传统岁时节日集大成者，人文礼仪气氛浓厚，从各种典礼仪式的服饰纹样中，可以窥探明代商品经济的快速发展和礼仪生活的文化内涵，更可以以纹样为载体，重新审视我们作为中国人的价值内核与精神追求，了解中国人对人生和家国的期盼，以期探寻更深层次的“中国人的基因”。

本书聚焦于明代服饰图案纹样，从社会现象的角度，将其视作明代文化生活的一个重要组成部分，以“应景”为灵感，从阶级之景、节气之景、仪式之景三方面对明代服饰图案纹样进行深入性分析，一方面希望从自然崇拜、阶层意识、人生价值等方面对“应景”进行全新的诠释，考察、丰富传统纹样的历史底蕴，促进人们对传统纹样的认同和欣赏；另一方面希望能够进一步挖掘明代应景服饰图案在构成、色彩、意涵等方面的设计理念，在此基础上，将图案应用于当代服装设计，通过传承与创新，将图案设计作品与成衣成果汇集成册，以条理清晰、图文并茂的形式呈现给读者，努力探索中国传统服饰图案的时代价值与多元化应用，为今后设计具有中国明代传统纹样图案特色的创新服装提供参考，为我国民族服饰文化的传承与发展提供助力。

王群山

北京服装学院服装艺术与工程学院教授、硕士生导师

2022年8月

前言

根据现存考古研究资料看，狭义上的应景纹样出现在明代中后期的宫闱内，这种纹样与岁时节日体系相照应，不同节令有各自的代表纹样，人们穿着相应节令纹样的服饰并随节令进行变换。这一纹样之所以出现在明代中后期，与节令体系的日渐成熟和岁时节令的人文性质逐渐突出有关。战国开始，先民从对星宿的认识中衍生出完整的二十四节气天文定位；西汉时期，节气正式立法，并开始指导人们的农业生产生活；南北朝时期，人文节令与自然节气结合衍生出了节令文化，这种文化延续了古人对自然的原始崇拜，并且带有浓厚的封建神话韵味；唐代时期，岁时节令活动得以沿袭，但其中的人文活动较唐代以前变得丰富，岁时节令数量增加，人文交际的性质越加突出，开始由自然的原始崇拜活动过渡转向人文礼仪性节日活动；明代时期，岁时节令人文活动内容更加丰富，但节令合并精简，由一日之节转为多日为节，到明代末期，民间的日常活动才开始传播至宫中，出现了用服饰纹样符号来象征和表现节令活动的现象。明代应景纹样体现出明统治者对岁时节令的重视和对民间文化的包容吸收，反映出岁时节令体系与社会活动之间的密切关系。可以说，有了人类社会活动相互建构的社会关系，才产生了应景服饰纹样图案，因此对于应景纹样的分类与研究，若从社会学的视角去展开，或许可以得到一些新的观点。

通过梳理各类明代服饰纹样，我们发现，狭义上的应景纹样与封建统治阶级和封建阶级的服饰纹样（如十二章纹、品官常服补子纹样、赐服纹样等）、封建统治阶级仪式活动的服饰纹样（如明代万寿圣节、颁历、大婚服饰纹样等）一样，三者本身都是用符号化的服饰纹样来表现当时的社会现象，且三者都基于社会结构与社会风貌而产生，并与社会结构和社会风貌相互影响。通过社会学的视角对上述纹样进行再研究，可以对明代社会有一个更深刻的认识，也能对纹样本身有一个新的理解与诠释，有利于更好地在纹样的再设计时进行“扬弃”，创作出符合时代审美、满足当代发展要求、引领未来趋势的服装。

应景纹样图案作为一种符号学的象征，反映了一种社会现象，换句话说，有了人类的社会活动，才演变出应景服饰纹样图案，因此服饰应景图案纹样的划分更应依据社会学情境下对人类活动的研究展开。本书一改大部分文献对明代服饰图案单纯的理论研究，也没有按照传统思路：动物、植物、人物、器物等品类对纹样进行分类，而是在对各类纹样进行深入探索后总结了其内部联系，取“应景”之意，将其分为阶级之景、节气之景、仪式之景三大类，既呼应了主要的研究对象——应景纹样，又从广义上创新性地诠释了“应景”。本课题也依托本人教师与服装设计师身份的优势，并结合在北京服装学院近六年的教学实践和设计实践，从创新的角度对应景纹样进行再设计，不局限于对其应用前景的预测，而是直接投入应用当中，亲身探索其应用价值，并基于对服装行业的了解，将传统服饰图案灵活地展现在当代时装之上，为传统服饰图案的创新应用提出了一条可行之路。

本书是北京市教育委员会2022年度社科基金项目《明代应景纹样在当代服装中的传承与创新》（项目编号：SM202210012003）的科研成果，本人为该项目负责人。本课题对明代的应景纹样的概况、社会背景、社会活动、色彩、社会学表象、图案构成进行了一定范围的研究，并对明代应景纹样做了创新图形设计方法实践与服装设计实践。在研究期间，本人多次走访北京服装学院图书馆、北京服装学院服饰博物馆、中国国家博物馆，并线上阅览了北京故宫博物院、北京艺术博物馆、台北故宫博物院、山东省博物馆和孔子博物馆联合主办的“衣冠大成——明代服饰文化展”AI线上展、湖北省博物馆线上虚拟展、镇江博物馆的相关文物资料，梳理了大量古籍与文献资料。在本项目的实施过程中，得到了北京服装学院副校长詹炳宏老师、北京服装学院艺术设计学院彭生琼老师的大力支持，他们在服装设计作品制作、拍摄、展示方面提供了非常大的帮助；同时，也得到了北京第二外国语学院教师王旭老师的大力支持，通过深度的社会学理论探讨，在明代应景纹样的社会学理论知识与服装艺术相结合的探究中给予了本人非常大的帮助，并与本人共同撰写了第四章的内容。在上述基础上，本人指导学生完成了明代应景纹样的当代服装图案设计作品，并亲自完成了明代应景纹样在当代市场化的成衣设计作品。

在本书的出版过程中，得到了北京服装学院服装艺术与工程学院院长郭瑞良老师、副院长王保鲁老师莫大的支持与帮助。在本书撰写前期，北京服装学院艺术设计学院尹丽贤老师帮助进行了服装拍摄等工作；北京服装学院服装艺术与工程学院影视服装设计专业魏煜媛同学协助收集与整理文献资料；北京服装学院服装艺术与工程学院女装设计专业谢雨洋同学、男装设计专业韦金雨同学、数字服装设计专业鲁秋雨同学协助完成了部分设计图稿的绘制、服装拍摄、照片整理等工作内容；北京服装学院时尚传播学院时装表演专业学生周涵婷、熊婉卉同学协助完成了服装模特展示与拍摄等工作内容。特此，感谢以上老师与同学对于本书的帮助与支持！

应景纹样作为明代服饰图案中重要的一类，丰富多彩，千变万化，在今天看来也不失风采。本项目的研究目的，一方面是对《服装图案与设计》课程中传统服饰图案的相关知识进行必要的补充；另一方面为我国民族服饰文化研究者提供借鉴与参考，探索中国传统服饰图案的时代价值与多元化的应用，为弘扬中国传统文化、设计具有中国特色的创新服饰图案提供支持。

北京服装学院服装艺术与工程学院教师

2022年9月于北京服装学院

目 录

明・正旦葫芦纹 设计：赵晓曦

第一章

明代应景纹样的新解

纹样在中华传统服饰文化的历史进程中占据重要地位，它是一种特殊的符号语言，蕴含着丰厚的文化内涵，承载着人们对美好生活的向往和对自然事物的崇拜。明代作为最后一个由汉族建立的封建大一统王朝，其服饰图案纹样也集历代汉文化之大成。它定型了承载社会中等阶级制度官职差降的补服，也把冕服十二章纹图案推上了至高无上的地位，并设立了赐服制度，为中下阶级提供阶级跨越的条件。到了明代晚期，又出现了对应时令节气的图案补服，进一步丰富了明代服饰纹样体系及其内涵。

明代宫人刘若愚在《酌中志》第十九、二十卷中记载了晚明宫闱内习俗生活：根据传统中华节俗文化，宫闱内的宫眷内臣仿照民间，随时令不同而变换服饰及纹样图案着装，即对应不同时令节气，轮换使用具有该节气象征意义的自然事物的图案纹样，称应景补子。从狭义上讲，应景纹样是一种自然节气之景，反映的是不同时令下气候自然环境以及人文活动的变化。但是如果我们尝试把视野从自然节气转向更为广阔的社会生活和时代文化的话，不仅探讨纹样与节气本身的对应关系，同时可了解纹样与节气背后所蕴含着的文化之间的关系，纹样与当时的社会结构、人们的社会生活之间的关系，可以拓展我们对“应景”的理解，有助于深入认识“应景纹样”，从而更好实现应景纹样的现代化运用。

服装纹样的解读需要一定的语境，从这个意义上来说，狭义的应景纹样是一种自然节气之景，而广义的应景纹样还应包括等级阶层之景和仪式之景。一方面，等级阶层纹样是以社会阶级为背景导向，通过一种自然存在的物质形象或是古人在自然崇拜基础上而臆想出来的物质形象，根据职级不同，形成随升差官职而变化服饰及其纹样的图案着装。如果说时令变化对应的是自然景象，那不同官职等级之间的交往对应的就是政治生活的场景，人们需要根据自身的官职层级来“应景”着装，即节气纹样随自然节气变化，十二章纹、补服、赐服纹样随官职等级变化，这种变化体现了统治者维护统治权威、建立价值共识的努力，通过梳理探讨，我们不仅可以进一步理解明代官服与赐服纹样的特点，还可以对明代官职层级之间的关系有更深刻的认识。另一方面，在明代的各类大型典礼上，如帝王大婚、万寿圣节、颁历等，各种具有一定文化意涵和审美追求的纹样通过组合、融合，产生出新的纹样及文化意义，它们在不同场合被要求使用和穿着，形成了一种随仪式变化而穿着不同纹样的现象。如果将不同仪式视为人们生活的重要场景的话，我们就可以结合对纹样的解读，增加对明代社会生活和文化审美的认识，从而更好地掌握明代传统服饰的内涵。

无论是广义还是狭义的明代应景纹，其特点都体现了内容的故事性与古人的审美情操，是图案造型外在表现与内在审美的有机统一体，彰显了明代纹样的独特艺术审美特征。但同时，应景纹样也是一种完整的艺术符号系统[1]，明代应景纹样的象征关系更为清晰和明确地解读了

[1] 雷文广. 符号学视角下明晚期宫廷应景丝绸纹样的解析[J]. 武汉纺织大学学报,2017,30(4):44-48.

“编码和解码的过程”[1][2]，明代是象征图案符号化的鼎盛时期，其符号的解读依赖于汉族共同的文化心理，与明代的历史发展、社会背景、政治环境、宗教信仰等息息相关，需要我们深入挖掘与传承。

❶ 周法高.金文诂林补[M].台北：历史语言研究所,1982.

❷ 许哲娜.色彩符号化与春秋战国时期君主神化—圣化机制——以五时五方服色符号为中心的考察[J].天津社会科学,2019(6):154-160.

明・元宵灯景纹 设计：赵晓曦

第二章

明代应景纹样的渊源

明代应景纹样发源于人与自然之道，从中国古代“天人合一”的思想开始，人们便不断在人文社会活动中将人与天相关联，认为社会活动应当顺应天道。不论是《中庸》中“圣人赞天地之化育”的天人相通理念，还是汉代董仲舒将人事伦理说为天之规则的天人相类理念[1]，都是将宇宙论和人类社会活动相结合。明代应景纹样作为艺术形式和观念的载体，以符号学的象征性表达了人与自然活动之间的关系。

第一节　阶级之景：专权与僭越

一、统治阶级的服饰纹样符号

早在新石器时代到商周时期，陶器、青铜器、玉器上的云雷纹，就体现了人类对自然的理解和崇拜。人类敬畏大自然的神奇力量，将雷和云的图腾装饰纹样赋予进与人类生活活动相关的事物之中。西周时期生产力的大力发展，丝纺绣染技术的提升，让人们得以在服饰图案文化中将“天人合一”的理念表现得更为深刻，其中天子用于祭祀的礼服——冕服，便是这一思想载体的代表。周礼共计六冕，根据祭祀典礼轻重赋予不同装饰纹样，即不同的十二章纹纹饰。《周礼·春官宗伯·典命/职丧》中记载“王之吉服，祀昊天上帝，则服大裘而冕，祀五帝亦如之；享先王则衮冕；享先公飨（xiǎng）射则鷩（bì）冕；祀四望山川则毳（cuì）冕；祭社稷五祀则希冕；祭群小祀则玄冕。”经后东汉郑玄为《周礼》所作注释，有了十二章纹的具体表述，称为周代衮冕，日、月、星辰三章用于旌旗，冕服上衣着五章，下裳四章，即龙、山、华虫、火、宗彝、藻、粉米、黼（fǔ）、黻（fú），合为十二章[2]。

十二章纹的起源说法不一，但据可考史料记载，十二章纹滥觞于远古氏族图腾，它是先民远古氏族分化与融合的衍生品。氏族图腾是较早产生的图腾类型，学术界称为原始生态图腾[3]。西部羌人的羊图腾、东夷的鸟图腾、半坡遗址的仰韶文化鱼图腾等，都是以自然界存在的物质形态为依据而产生的原始图腾样貌。随着社会生产力的发展，氏族之间的外婚带来人口数量的剧增，氏族之间不断分化与融合，氏族图腾的形态也逐步走向复合，以其中占主导地位的氏族图腾为主要元素体，摘取其他融入的氏族图腾上的部分作为次要元素，组合创造出一个不存在的复合图腾，成为部落图腾的形态。龙、麒麟等便是复合图腾的代表，同时随着部落联盟的产

[1] 李锐．早期中国的天人合一[J]．北京师范大学学报（社会科学版），2019(1)：114-120.

[2] 阎步克．宗经、复古与尊君、实用（中）——《周礼》六冕制度的兴衰变异[J]．北京大学学报（哲学社会科学版），2006(1)：95-108.

[3] 何星亮．中国图腾文化[M]．北京：中国社会科学出版社，1992.
龚世学．图腾崇拜与符瑞文化的产生[J]．天府新论，2011(1)：128-133.

生，部落图腾演变为部落首领的专权象征。如图2-1-1所示，在晚于仰韶文化的大汶口文化遗址中出土的“日月山形图灰陶尊”上，雕刻有日、月、山形组合而成的复合纹样，这便是新石器时期的部落复合图腾纹样代表。而十二章纹中的其他纹样，也能在许多早期先民留下的文物当中看到，如图2-1-2所示，出土于陕西华县柳子镇泉护村仰韶文化庙底沟类型的“彩陶钵绘鸟纹”上绘有代表华虫或凤的鸟纹；如图2-1-3所示，藻纹在新石器时期河姆渡文化中就已出现，鱼藻纹黑陶盆外壁绘制有一组鱼藻纹和一组凤鸟纹，是对当时渔猎生活的形象记录。这些新石器时期的图腾纹样中有很多元素都有可能是十二章纹的源起，也反映了先民对十二章纹的初步理解和对大自然的敬畏。《尚书·虞书·益稷》是较早记载十二章的史料，书中记载舜帝与大禹的对话，舜帝曰：“予欲观古人之象，日月星辰山龙华虫作会宗彝藻火粉米黼黻絺绣，以五采彰施于五色作服汝明。”由此可见，部落联盟时期，人们已经对“十二章纹”有所认识，由于史料文献记载未使用断开的符号作为分隔，后人对其拆解分析也存有多个版本，例如，伪孔所注《尚书》与郑玄所注《周礼》章纹元素的不同。在《礼记·明堂位》中记载的“有虞氏服韨（fú），夏后氏山，殷火，周龙章。”韨又称“蔽膝”，是古代服装前面的护膝围裙，据此可知夏朝以前，祭祀时的虞朝服装使用蔽膝。到夏朝蔽膝加上了一种山形的图案，殷商时又加上一种火形的图案，西周时又加上一种龙形的图案。

到东汉时期，天人合一、君权神授的思想不断被固化，《后汉书·志·舆服下》中记载：“衣裳玄上纁下，乘舆备文，日月星辰十二章，三公、

图2-1-1　日月山形图灰陶尊（莒县博物馆藏）

图2-1-2　彩陶钵绘鸟纹（西安半坡博物馆藏）

图2-1-3　鱼藻纹黑陶盆（浙江省博物馆藏）

诸侯用山龙九章，九卿以下用华虫七章，皆备五采，大佩，赤舄（xì）絇（qú）履，以承大祭。”据此根据阶级等级的不同而匹之不同章纹，十二章纹作为一种服饰制度被定格下来。

后因《古文尚书》在东晋时已亡佚，由于孔安国为《尚书》所作注和郑玄为《周礼》所作注的不同，人们对十二章纹也产生了不同的理解。晋宋齐三朝使用孔安国为《尚书》所作注十二章纹，未将宗彝纳入其中，且将华、虫分为两章，其服以日、月、星辰、山、龙、华、虫、藻、火、粉米、黼、黻，共计十二章纹；梁朝梁武帝弃孔从郑，随郑玄所注《尚书》十二章纹，将宗彝计入其中，华虫合为一章，且火被放置宗彝之前，上衣以画绘制八章：日、月、星辰、山、龙、华虫、火、宗彝，下裳绣以四章：藻、粉米、黼、黻。孔安国作注《尚书》在清朝时期被阎若璩、惠栋给予更详予考订，辩证为伪书，后皆称“伪孔”。

隋代，《隋书·志·卷七》礼仪志七，记载“于是定令，采用东齐之法。乘舆衮冕……玄衣，纁裳。衣，山、龙、华虫、火、宗彝五章；裳，藻、粉米、黼、黻四章。衣重宗彝，裳重黼黻，为十二等。”可见虽使用九章纹样，但重复宗彝与黼、黻三章，仍以十二章形式出现。

到唐代，《新唐书·志·卷十四·车服》记载在“武德四年，始著车舆、衣服之令，上得兼下，下不得拟上。……凡天子之服……青衣纁裳，十二章：日、月、星辰、山、龙、华虫、火、宗彝，八章在衣；藻、粉米、黼、黻，四章在裳。衣画，裳绣，以象天地之色也。自山、龙以下，每章一行为等，每行十二。衣、褾、领，画以升龙，白纱中单，黻领，青褾、襈（zhuàn）、裾，韨绣龙、山、火三章，舄加金饰。”可见此时十二章纹已经完整地出现在了冕服中，其纹样仅可天子使用，成为统治阶级帝王服饰的专权符号，并规定其朝廷群臣根据官职降差，一品服九章、二品服七章、三品服五章、四品服三章、五品衣、韨无章，裳刺黻一章。

宋代，根据《宋史·志·卷一百零四·舆服三》记载，天子冕服以“衮服青色，日、月、星、山、龙、雉、虎蜼（wěi）七章。红裙，藻、火、粉米、黼、黻五章”的样貌出现，其中“雉”实为华虫；到太祖建隆元年章纹改为“玄衣纁裳，十二章：八章在衣，日、月、星辰、山、龙、华虫、火、宗彝；四章在裳，藻、粉米、黼、黻。”

明代开国之初，明太祖朱元璋提出恢复汉族文化传统的服饰礼仪，结束了自宋代之后长期被外来少数民族文化统治的局面，并吸取了历代冕服制度，提出“衣冠悉如唐代”形制。十二章纹作为帝王重要的高等社会阶级代表形式，便顺理成章地成为帝王冕服的图案制式，后经明太宗（成祖）、明世宗的两朝修订，成为一种标准制式延续到明末[1]。

《明史·志·卷四十二·舆服二》记载了明太祖朱元璋洪武时期所着十二章纹，“皇帝冕服：洪武元年……衮，玄衣黄裳，十二章，日、月、星辰、山、龙、华虫六章织于衣，宗彝、藻、火、粉米、黼、黻六章绣于裳。”《明太祖实录》也有相同记载：“帝王冕服玄衣黄裳，十二章，

---

[1] 雷文广. 明清帝王服饰中“十二章”纹样的排列、造型比较及影响因素[J]. 丝绸,2021,58(4):87-94.

衣织日、月、星辰、山、龙、华虫六章，裳绣宗彝、藻、火、粉米、黼、黻六章。”除服装大身上的十二章纹外，在《礼部志稿》中提及蔽膝上绣龙、火、山三章，但到洪武二十六年时却将次序改为火、龙、山。

明太宗（成祖）永乐时期，服装中十二章纹的排列次序出现第一次修订。上衣在之前日、月、星辰、山、龙、华虫的基础上增加了宗彝、火，合计八章在衣，下裳则为藻、粉米、黼、黻四章，如图2-1-4所示，明太宗朱棣身着的十二章纹冕服复原像，纁裳下绣有的四章纹样。

《明世宗实录》记载了明世宗朱厚熜嘉靖时期所着十二章纹次序的第二次修订，“玄衣黄裳，日、月、星辰、山、龙、华虫，其序自下而上，为衣之六章；宗彝、藻、火、粉米、黼、黻，其序自下而上，为裳之六章”。同时也将十二章纹的排列方式进行了具体的布局安排，确立了最终的明代制式十二章。在万历时期，出版的《三才图会》中刻画了当时玄衣纁裳上的十二章纹排布，如图2-1-5所示，其排序位置序与嘉靖时期记载的相一致。

图2-1-4　明太宗朱棣冕服“玄衣纁裳像”复原图

图2-1-5　明代万历王圻、王思义撰辑《三才图会·衣服二卷·国朝冠服》所绘制的玄衣纁裳

至此，我们可以看到，十二章纹作为帝王服饰文化制度的组成部分一直沿用到明清时代，其中明代十二章纹的造型样貌在最后的大一统汉王朝中发挥到了极致，这深刻地影响了清朝的服饰文化。满人入关前，其服饰文化中未有十二章纹，入关后也是略见于帝王服饰中，直至清

代乾隆年间，十二章纹造型样貌才完整出现并使用，并借鉴和延续了明代的章纹风貌。

二、官僚阶级的服饰纹样符号

社会阶级之景在明代帝王服饰中具体体现在十二章纹上，而在明代官员服饰中，主要体现在文武官常服上的补子纹样，用以区分官员的等级。官服等级制度，早在《周礼》中就有记载，用不同官服的款式及配件来表现等级，历朝历代也有通过服饰颜色进行区分，但是到明代才正式出现了用补子纹样来表现等级的服饰制度。补子纹样在学术界较为认可的发根，源于唐代武则天当政时期，《旧唐书·志·卷二十五·舆服》中记载："延载元年五月，则天内出绯紫单罗铭襟背衫，赐文武三品以上。左右监门卫将军等饰以对狮子，左右卫饰以麒麟，左右武威卫饰以对虎，左右豹韬卫饰以豹，左右鹰扬卫饰以鹰，左右玉钤卫饰以对鹘，左右金吾卫饰以对豸（zhì），诸王饰以盘龙及鹿，宰相饰以凤池，尚书饰以对雁。"此时以"文飞禽、武猛兽"纹样绣于官服之中，但并未形成服饰制度。动物纹样能成为古人进行阶级层次划分的产物，是顺其古人"天人合一"的理念，也极有可能是受到原始图腾纹样的影响。

明代初期，洪武三年，出现了补子纹样与其对应品级划分之间的描述，《明史·志·卷四十三·舆服三》中记载了内使冠服，"洪武三年谕宰臣，内使监未有职名者，当别制冠，以别监官。礼部奏定，内使监凡遇朝会，依品具朝服、公服行礼。其常服，葵花胸背团领衫，不拘颜色；乌纱帽；犀角带。无品从者，常服团领衫，无胸背花，不拘颜色；乌角带；乌纱帽，垂软带。年十五以下者，惟戴乌纱小顶帽。"其强调了补子"胸背"上所对应的葵花纹样，用于有品级的内使之中，但并未与品官相对应。直到洪武二十四年才具体地将官员常服与补子纹样相对应。《明史·志·卷四十三·舆服三》中又记载，"二十四年定，公、侯、驸马、伯服，绣麒麟、白泽。文官一品仙鹤，二品锦鸡，三品孔雀，四品云雁，五品白鹇，六品鹭鸶，七品鸂鶒（xī chì）（亦作'溪鶒'），八品黄鹂，九品鹌鹑；杂职练鹊；风宪官獬廌（xiè zhì）（亦作'獬豸'）。武官一品、二品狮子，三品、四品虎豹，五品熊罴（pí），六品、七品彪，八品犀牛，九品海马。"此后，文官映其"飞禽"造型的补子纹样、武官映其"走兽"造型的补子纹样，这成为官僚阶级等级划分的又一特征。

明代中期，成化二十三年，明代丘濬所作注解《大学衍义补·卷八十九·服章之辩》中记载"文官用飞鸟，象其文彩也，武官用走兽，象其猛鸷也，定为常制，颁之天下，俾其随品从以自造，非若宋朝官为制之，岁时因其官职大小而为等第以给赐之也。上可以兼下，下不得以僭上，百年以来文武率循旧制，非特赐不敢僭差。"统治制度的不断加强，也明确了特定官员品级对应特定动物纹样的常服制度条例，确定了补子纹样与官职之间的关系，并明令禁止出现以下向上的僭越情况，满足了官员对于权势的青睐和崇尚。

明代中后期，万历十五年增补后的《大明会典·卷六十一》中再次明确并细化了"品官花样”补服，并详细地绘制了图案样貌（在本书第五章第二节中有详细的图片展示）。至此，补服花样定型，并延续到明末。

三、特殊人群的服饰纹样符号

除文武官常服上的补子纹样象征社会阶级特征，明代还出现了赐服制度，这为特殊人群提供了僭越的条件。赐服为帝王赏赐大臣、宦官等关系密切人群的一种服饰，虽不属官员常服补子的品级制度，但具有相应的等级划分。帝王通过赐服制度，拉拢各方势力，进而维护自己的专权统治。

早在《礼记·坊记》中便出现了帝王利用服饰制度区分尊卑的记录："子云：'夫礼者，所以章疑别微，以为民坊者也。'故贵贱有等，衣服有别，朝廷有位，则民有所让。子云：'天无二日，土无二王，家无二主，尊无二上，示民有君臣之别也。'《春秋》不称楚越之王丧，礼君不称天，大夫不称君，恐民之惑也。《诗》云：'相彼盍旦，尚犹患之。'子云：'君不与同姓同车，与异姓同车不同服，示民不嫌也。'以此坊民，民犹得同姓以弑其君。"通过将帝王"独尊无二"的统治地位与服饰制度相联，使阶级关系更加明确。

《旧唐书·志·卷二十五·舆服》中记载了"则天天授二年二月，朝集使刺史赐绣袍。""长寿三年四月，敕赐岳牧金字银字铭袍。""延载元年五月，则天内出绯紫单罗铭襟背衫，赐文武三品已上。"唐代为加强帝王"独尊无二"的统治地位，用"赐"为荣誉的象征方式，激发官僚臣子为帝王效力的忠诚，拉拢人心维护独尊地位，此时的赐服品级象征已经初现样貌。

明代，"赐"不再仅面向官僚臣子阶级，而是衍射到与帝王息息相关的人群之中。明代赐服可分为三种赏赐类别：第一种是作为一种异于官职服饰的服饰制度，常用于宦官、内臣、近卫等密切关系者；第二种是用于朝廷官员、王公贵族，帝王赐予其高于自身官衔的赐服；第三种则为赐予外国国王的低于帝王十二章纹的九章赐服和赐予外国使臣的官衔赐服。

1.赐予宦官、内臣、近卫等密切关系者的赐服类型与等级关系

《明史·志·卷四十三·舆服三》关于内使冠服的记录："按《大政记》，永乐以后，宦官在帝左右，必蟒服，制如曳撒，绣蟒于左右，系以鸾带，此燕闲之服也。次则飞鱼，惟入侍用之。贵而用事者，赐蟒，文武一品官所不易得也。单蟒面皆斜向，坐蟒则面正向尤贵。"宦官此时常配有赐服蟒服，相比之下，文武一品官员都不容易得到蟒服，可见明朝宦官地位和赐服纹样在等级制度上的特殊性。

洪武二十六年定"其视牲、朝日夕月、耕耤、祭历代帝王，独锦衣卫堂上官，大红蟒衣、飞鱼，乌纱帽，鸾带，佩绣春刀。"如图2-1-6所示，藏于台北故宫博物院的明代《出警入跸图》描绘了帝王祭祀的路途场景，其中《出警图》部分可见围绕帝王周围的近卫所穿着的是大红蟒衣。个别学者认为该服装为飞鱼服，但通过对图案的辨识，不难发现如图2-1-7所示，服装右臂纹样尾部并非卷形鱼尾，而是蟒尾同龙尾；虽画面见上衣图形为双腿或单腿造型，疑似飞鱼双腿形态，但上衣为过肩图形，难以判断其他角度是否存有四肢，且根据其“膝襕”即腿部条带图案中出现的四腿形态，基本可以判定上衣图形为蟒纹。对于参加祭祀大型活动而言，锦衣卫堂上官员穿着大红蟒衣在明代张应召所绘《黄培肖像轴》绢本图中也得到了印证，如图2-1-8所示，画中乃锦衣卫指挥使黄培，身着大红蟒服，这与《出警入跸图》中所描绘者非常相似，因此图2-1-7穿着蟒服者极有可能也是锦衣卫。

图2-1-6 明代《出警入跸图》之出警图局部（台北故宫博物院藏）

图2-1-7　明代《出警入跸图》之出警图局部细节（台北故宫博物院藏）

图 2-1-8　明代张应召所绘《黄培肖像轴》绢本局部（山东博物馆藏），图中为明末身着大红蟒服的锦衣卫指挥使黄培

蟒服的等级之高，见载“或召对燕见，君臣皆不用袍而用此；第蟒有五爪、四爪之分，襕有红、黄之别耳。”帝王平日召见时，帝王与宦官也都不穿袍服，而穿蟒服，仅通过蟒纹的爪子与颜色来区分，可见蟒服等级地位之高。弘治元年，因蟒服与龙形相似，因而禁止了蟒服出现，但治理未见成效。因明朝官服是由官员自行织造使用的，并未沿袭宋代官府织造统一发放的政策，帝王赏赐的服装久而久之出现破损，宦官内臣只得自行织造。因此弘治十七年再颁禁令，又载“十七年，谕阁臣刘健曰：‘内臣僭妄尤多。’因言服色所宜禁，曰：‘蟒、龙、飞鱼、斗牛，本在所禁，不合私织。间有赐者，或久而敝，不宜辄自织用。’”虽颁布禁令，但因为宦官内臣恃宠而骄、肆意妄为，旧习递相沿袭，无法禁止，则有：“孝宗加意钳束，故申饬者再，然内官骄姿已久，积习相沿，不能止也。”的记载。

嘉靖十六年，兵部尚书张瓒参见，皇帝误将飞鱼服当作蟒服，怒斥尚书二品不应穿“蟒服”，夏言回答说：“瓒所服，乃钦赐飞鱼服，鲜明类蟒耳。”即解释张瓒所穿，并非蟒服而是低一等级的飞鱼服。这也间接地说明飞鱼纹与蟒纹是极为相似的，与先前记载的永乐后宦官入室奉侍时，次之穿着低一等级的飞鱼服相应，可见飞鱼服是低于蟒服之下的赐服。

斗牛服次于飞鱼服之下，斗牛图案与飞鱼图案一样都酷似龙形，却是牛龙合一，但也是较为接近龙纹的身份标识之一。斗牛原为天上星宿名称，在万历十一年，明代周祈撰写的《名义考·卷一》中最早记载了二十八星宿中斗牛星，卷十中记载了“骆虞斗牛螭虎”，其描绘斗牛“似龙而觩角……所谓斗牛者天文北宫七防，斗牛也埤雅云虚危，以前象蛇体似龙，故以为人臣最尊贵之服。”可见在中等阶级内臣中斗牛的赐服也是较为尊贵的。

内臣近卫所得赐服麒麟服作为赐服的一种，其最早出现在明代景泰四年，载“令锦衣卫指挥侍卫者，得衣麒麟。”嘉靖十六年时，对麒麟服做了详细的要求规定，仅帝王近臣侍卫才能得到麒麟赐服，其他侍卫不得使用，《明史·卷四十三·舆服三》载“锦衣卫指挥、侍卫者仍得衣麒麟，其带俸非侍卫，及千百户虽侍卫，不许僭用。”明代末期《酌中志·卷十九内臣佩服纪略》原文也曾记载“凡司礼监掌印、秉笔，及乾清宫管事之耆旧有劳者，皆得赐坐蟒补，次则斗牛补，又次俱麒麟补。”“其升有牙牌官帽，便谓之奉御正六品，得服麟补。自太监而上，方敢穿斗牛补。再加升，则膝襕之飞鱼也。”皆可见得麒麟服是赐服中最低的一等。

蟒纹异于四爪，与龙纹相似，相似度高，其等级在赐服中也最高；飞鱼纹异于两足、四爪、鱼尾、鱼鳍，与蟒形相似，较蟒纹与龙纹相似程度和等级次之；斗牛纹异于牛角、蟒形、四爪、鱼尾，较龙纹相似度一般；麒麟纹异于鹿形、狮尾、马蹄，较龙纹相似度较远。以上四种赐服纹样与龙纹相较，差异从少到多的特点，也证明了赐服等级的阶级差异化。

2.赐予朝廷官员、王公贵族的赐服类型与等级关系

明代初期赐予朝廷官员与王公贵族的赐服，源于隋唐时期的“借服”方式，即赐予高于现品级一等的官服。《明史·志·卷四十三·舆服三》记载历朝文臣赐服的赏赐都是从洪武年中期学士罗复仁开始的。景泰中期本是文官正二品的衍圣公，应穿锦鸡花样补服，但却“服织金麒麟袍、玉带”；弘治中期刘健、李东阳开始，赏赐本应是公、侯所穿麒麟花样，却赏赐给了内阁官员。后嘉靖时期，严嵩、徐阶也皆受赐麒麟花样；嘉靖时期，成国公朱希忠、都督陆炳，因为供奉祭祀道坛，而赏赐文臣一品仙鹤花样；本是五品学士严讷、李春芳、董份，应穿白鹇花样，却因为撰写上奏天庭或征召神将的玄词，而赏赐了一品仙鹤花样；万历年间，又赐太后的父亲李伟坐蟒赐服，由此可见，此时赐服已不再严格按照高一等级赏赐，而变得非常混乱。

明代朝廷内阁赐服的泛滥无序，是从明代中期正德年间开始的。正德十三年，赐予臣子的赐服图案“其服色，一品斗牛，二品飞鱼，三品蟒，四、五品麒麟，六、七品虎、彪；翰林科道不限品级皆与焉；惟部曹五品下不与。时文臣服色亦以走兽，而麒麟之服逮于四品，尤异事也。”这与明代正德之前的蟒纹高于飞鱼、飞鱼高于斗牛、斗牛高于麒麟的层级差异不同，赐服图案与其初期的制度设置已然不合，《明史·志·卷四十三·舆服三》中都称其“尤异事也”，这也为明代中后期统治阶级的政权不稳埋下了隐患。

3. 赐予外国国王、使臣的赐服类型与等级关系

明代赐服对海外的影响甚远，此时的赐服也被作为一种外交手段与工具，明代海外番邦之间的“阶级”关系也通过赐服得以一窥。《明史》见载：“外国君臣冠服：……永乐中，赐琉球中山王皮弁、玉圭，麟袍……宣德三年，朝鲜国王李濹言：洪武中，蒙赐国王冕服九章。”除文献资料外，在日本京都妙法院藏有丰臣秀吉所得的明制赐服麒麟补服，如图2-1-9所示是明代万历年间朝廷册封丰臣秀吉为日本国王的赐服，用以缓和中、日、朝三国的战争矛盾。

补子局部细节

图 2-1-9　明代万历丰臣秀吉麒麟补子官服

第二节　节气之景：人文活动与节令符号

一、明代之前的人文节令活动变化

自然节气之景纹样是一种节气符号，表现了自然节气与人之间的符号象征关系。早在夏代时期就出现了人们对自然规律的初步认识，源于夏代流传的历书而作于春秋的《夏小正》中出现了“时有养日”与“时有养夜”的记录[1]，这也是先民对于夏至和冬至节气变化的早期认识。《尚书·尧典》中出现了对于节气的最早认识，记载：“日中星鸟，以殷仲春；日永星火，以正仲夏；宵中星虚，以殷仲秋；日短星昴，以正仲冬。”由此出现了最早的春分、夏至、秋分、冬至的原始概念。从《左传》中可以看出，春秋时期节气两分、两至、四立（八节）已经确立[2]，同时《左传》中也出现了“十九年七闰”的说法，其记录了昭公二十年时（公元前522年），因历法忘记了闰月，导致冬至时节出现在错误的月份的事件，这也证明了在春秋时期就已经基本确立了时令节气系统。

[1] 陈久金先生对《夏小正》所记载的星象、太阳方位、斗柄指向和物候等的研究。

[2] 沈志忠．二十四节气形成年代考[J]．东南文化，2001(1):53-56.

自战国时期开始，先民对于自然天文的掌握不断加强，如图2-2-1所示，在战国初年的曾侯乙墓中出土的漆盒上绘有最早关于二十八星宿的文字与图案，从漆盒上绘有的二十八星宿的篆文解释与漆盒东西方向绘有的龙虎图案，可以看出先民最早对于天文符号的神话性解读，这也是自然节气之景纹样造型的溯源。古人将二十八星宿根据东南西北分为四宫，每宫七宿，当地球公转的位置与其中一宫在同一方向时，太阳会遮挡住星宿，过一段时间后又会出现该星宿，古人根据这种规律来判定时令。如图2-2-2所示，东方七宿的文字是主要描绘龙的形态特征，角是龙角，亢、氐、房、心是龙身子，尾是龙尾；北方七宿的文字是主要描绘的牛郎和织女（即“牵牛”与“偄女”），也是后世节庆时令与星宿神话图案造型的联想发源；西方七宿的文字是主要描绘的双腿站立的人（即“奎”）、佝偻之女（即“娄女”）、捕兔（即“毕”）、鸱枭（即“觜嶲”）、白虎（即“参”）；南方七宿的文字是主要描绘的两人抬轿中间一鬼（即“與鬼”）[1]、

图2-2-1　1978年湖北随州曾侯乙墓出土漆盒（湖北省博物馆藏）

[1] 陕西省考古研究所、西安交通大学·西安交通大学西汉壁画墓[M].西安:西安交通大学出版社,1991.

图 2-2-2 绘有篆文二十八星宿方位及名称的曾侯乙墓漆盒对照示意图

朱雀（即“翼”）[1]。先民将星宿天文与人文相关联，再根据星宿测定岁时与季节变化，与节气相关联，逐步衍生出完整的二十四节气的天文定位。

到了西汉时期，道家学派的古文《淮南子·时则训》对完整的节气进行了详细排列，邓平所制定的《太初历》是对二十四节气的正式立法，根据其天文学的理论知识，在实践中指导人们的农业生产、天文气象、八节宗教活动、政令、时令、吃食、色彩、穿着等，是较为完整的节气系统。自此，时令节气就不断应用到先民的生产生活中，如医疗理论的代表著作《黄帝内经》中提及将五日化为一候，将三候十五日化为一节气，将六个节气化为一季节时令，将四个季节时令化为一年岁时；又如《鹖冠子·王鈇第九》典籍中对于行政架构中所应用到的随不同节气时令而间隔上报的方式，提及行政汇报以五日报扁，十日报乡，十五日报县，三十日报郡，四十五日报国，六十日报天子，七十二日派遣使臣。节气系统在各项行政活动中的应用为岁时节日的出现提供了基础，对岁时节日的出现具有重要的指导意义。到汉武帝时期，庆祝、祭祀等活动逐渐集中，将岁前、正月初一、正月十五、上巳、寒食、清明、五月初五、七月七、九月九、社日、腊日等定制为传统节日，并一直沿袭。

到南北朝时期，每个节令都有对应的民俗活动，这些活动涵盖了农业生产、饮食、手工艺品、宗教信仰、娱乐休闲、礼仪习俗、祭奠等民俗文化，是当时人们物质与精神生活的集中体现。其中年代最早、影响最广的南北朝时期的民俗著作，即梁宗懔所撰的《荆楚岁时记》，详细记载了人文节令与自然节气结合的岁时节令文化风貌，如表2-2-1 所示，具体如下：

正月初一，《春秋》中又称为端月，人们燃放爆竹辟除山臊恶鬼，饮椒柏酒和桃汤，吃牙糖、五辛菜，吃鸡蛋，挂两块仙木（桃木板）在门前。

正月七日，以七种菜做羹，把彩纸或金箔剪成人形，贴在屏风上，或戴在头发上，登高作诗；

[1] 李零.曾侯乙墓漆箱文字补证[J].江汉考古,2019(5):131-133.

立春日，用五彩绸缎剪成燕子形状戴在头上，贴“宜春”二字。

正月十五，祭祀门神，煮豆粥加油膏，插杨柳枝，驱鼠，祈求蚕桑丰收；祭祀紫姑，占卜蚕桑事业。

正月元日至月晦，官宦家女子泛舟或在河边宴饮；常人女子洗衣于水边，以避灾祸，平安度过厄难。

春分时，在房顶上种植一种多汁液的植物戒火草，听到鸟叫声就会下地种田。

社日时，会集结村民，杀牛宰羊祭祀社神。

清明节前两天的寒食节，要禁火三天，吃大麦粥，斗鸡，打秋千。

三月三日，“流杯”饮酒，采摘鼠尾草用蜜汁加粉调成饼团。

四月，农民听到布谷鸟鸣时，开始耕种。

五月，俗称恶月，禁忌晒床单、垫席子、盖房子。

五月五日，采摘艾草，挂在门上用以去除毒气。举行划船比赛。在手臂上佩戴五彩丝线，辟病邪。

夏至节，吃竹筒粽子。把菊花磨成灰，防止小麦生虫。

六月伏日，吃汤饼面馄，去除邪恶。

七月七日，牛郎织女相会，妇女结扎彩色丝线，向织女星祈求智巧。

七月十五日，佛教徒会设置盂兰盆会供奉众佛。

八月十四日，人们把朱砂点在小孩的额头上，又称“天灸”。且用色彩鲜艳的丝绸做成眼明袋，互相赠送。

九月九日，登高饮菊花酒，佩戴茱萸，楼台水榭设宴。

十月朔日初一，吃黍子羹，这是秦历新年的开始。

仲冬十一月时，采摘霜燕、芜菁、冬葵等杂菜，做成咸菜。

十二月八日，人们头戴假面具，扮成金刚力士，驱逐疾病，用小猪和酒来祭祀。

岁前除夕时，家人相聚，饮酒和食用年夜饭。

此时的岁时节令活动带有人们对自然的原始崇拜与浓厚的封建神话韵味。

初唐时期，仍以沿袭传统节令为主。唐高宗武德七年，欧阳询、令狐德棻等人所著《艺文类聚·卷四·岁时中》中记载了唐朝时期所沿袭的岁时节令，对唐朝前在其诗、赋、颂、铭、令、序、书中提及的元正（正月一日）、人日（正月七日）、正月十五日、月晦、寒食、三月三、五月五、七月七、七月十五、九月九这些节令日进行了详细阐释，其人文活动内容在南北朝所著《荆楚岁时记》所述基础上，稍加丰富，节令活动更加集中，如表2-2-1所示。

元正（正月一日），沿袭增设了放生、朝贺活动。

人日（正月七日），沿袭了七菜羹、人形剪纸的活动。

									新衣。室中多画绵羊引子画贴。
十二月八日（腊日）	“村人并击细腰鼓，戴胡头，及作金刚力士以逐疫。” “并以豚酒祭灶神。”			腊	【叙事】沿《风俗通》“腊者，猎也，因猎取兽以祭。” 【事对】“嘉平、明祀；魏丑、汉戌；祠彘、磔鸡；魏辰、晋丑；劳农、纵吏；荐禽、祭兽；晨炊、冬酿；祈五祀、祭百神。”	腊八	“十二月造腊八粥：宛俗以十二月初八为腊八，杂五谷米并诸果，煮为粥，相馈遗。”	腊八	《酌中志·卷二十饮食好尚纪略》 “钦赏腊八杂果粥米。”
						十二月二十四	“农民爨以焚之灶前，谓为送灶君上天。别具小糖饼，奉灶君。” “即嘱之曰：辛甘臭辣，灶君莫言。至次年初一日，则又具如前，谓为迎新灶。”	祭灶	《酌中志·卷二十饮食好尚纪略》 “蒸点心办年，竞买时兴紬缎制衣，以示侈美豪富。”
岁前	“又为藏彄之戏。” “家家具肴蔌，诣宿岁之位，以迎新年。相聚酣饮。留宿岁饭，至新年十二日，则弃之街衢，以为去故纳新也。”			岁除	【叙事】沿《吕氏春秋·季冬纪》“前岁一日，击鼓驱疫疠之鬼，谓之逐除，亦曰傩。” 【事对】“宿岁、迎年；去故、纳新。”	除夕	“守岁：宛俗除夕，聚坐达旦，有古惜阴之意。念夜佛：民间男一有疾病，则许念佛。自腊月初一日起，每夜人定时，手执一香，沿街念佛，尽香而归，至除夕乃罢。”	岁暮	《酌中志·卷二十饮食好尚纪略》 “辞旧岁”——“三十日，岁暮，即互相拜祝。” “大饮大嚼，鼓乐喧阗，为庆贺焉。门旁植桃符板、将军炭，贴门神。室内悬挂福神、鬼判、钟馗等画。床上悬挂金银八宝、西番经轮，或编结黄钱如龙。” “熰岁”——“檐楹插芝麻秸，院中焚柏枝柴。” “岁暮——“守岁。”

正月十五，沿袭了煮豆粥祭祀门神，插杨柳枝，占卜的活动。

月晦，沿袭了河边宴饮、女子临水而避厄难的活动。

寒食，沿袭了三日禁火和喝粥的活动。

三月三，沿袭增设了在河流上游自行沐浴清洁去除邪疾的活动。

五月五，沿袭增设了使用艾草或柳桃挂在门前，去除毒气。用蟾蜍、蝼蛄治疗疾病。沐浴。纪念屈原，向河中投入使用五色丝线绑着盖有楝叶的竹筒粽子等活动。

七月七，沿袭了向牛郎织女星祈祷活动，并增设了将银河系比作陵鹊，赋予神话色彩。

七月十五，沿袭了佛教徒设置盂兰盆会供奉祈祷的活动。

九月九，沿袭了登高引菊花酒、插茱萸的活动。

自唐高宗开始，人们在社会生活中根据天时、地造、人文约定成俗，将节令活动发展出多种风俗情趣，此时节令地位由自然的原始崇拜，逐渐开始过渡到具有人文礼仪性的节令活动。

唐朝中期，社会环境中的物质文化生活最为繁荣，这种物质的满足也造就了岁时节日的丰富性。包括皇帝诞辰、佛诞、老子诞辰在内，唐代共有五十三天的节庆假日[1]，每个节日都有不同的活动内容。自然节气中的节令活动也不断丰富，在唐初的基础上又增添了伏日、冬至、腊、岁除四个集中性自然节气的节令活动。如表2-1-1所示，唐代徐坚撰《初学记・岁时部下》记载：

伏日，沿袭了吃汤饼辟邪的活动。

冬至，其活动有所增设，除沿袭元日，即沿袭唐初元正的活动外，还增加了脱袜和喝粥的活动。古代脱袜是一种居礼俗，以脱袜为敬重，南北朝时期，人们皆席地而坐，入室前必须脱去鞋袜，唐代起居生活对其也有所沿袭，并在节令活动中加以表现。

腊，即十二月八日，沿袭东汉时期狩猎祭祀的活动。

岁除，沿袭击鼓祛除恶鬼的活动。

《初学记・岁时部下》一书用节令叙事、事对、赋、诗、颂等形式对唐朝前至唐的节令活动进行了详细的记载。其中“叙事”部分杂取群书，以沿袭风俗活动为主；而“事对”事项中，部分节令人文活动更为丰富、明确。此时的节令文化表现已然成为“吟诗作对”的人际交往活动，这种节令文化的表达方式一直沿袭到明代。

[1] 杨联陞.国史探微[M].沈阳：辽宁教育出版社,1998.

二、明代的人文节令活动的变化及服饰纹样符号

明朝时期，民间十分重视节气时令的转化，岁时节令的人文活动也不断在民间涌现。《万历野获编》为明朝沈德符编写的史料，记载了从明代初年到万历年间的事迹，关于风土人情的节令也略有记录。《万历野获编·卷一·列朝·节假》提及建文帝推行的休假制度：赐官员臣子灯节十日休假，并在上元节进行游玩。可见文化形式从节令人文交际活动，逐渐转为民间岁时日常节令活动项目，但仍保留了其部分封建迷信的特点。

沈从文先生曾认为《明宪宗元宵行乐图》中的宫闱内的节日活动，是为帝王准备的有意仿效民间的风俗习惯而设定的活动场景。如图2-2-3所示，民俗活动开始深入影响到宫闱内的活动，但在画面人物的着装上，并未看到穿着自然节气之景的应景纹样，宫闱内用自然事物纹样对应节令应该是出现在明宪宗之后。

明代中期万历年间沈榜所著《宛署杂记·卷十七·民风一（土俗）》载有明代万历年间的民俗史料。根据其逐月节令活动的翔实记录，可见明代之前的节令在明代已出现合并精简的现象，并在活动内容上有所增减，不仅出现了由一日之节转化为多日为节的模式，并且节令人文活动项目有主有次，次则多样，以吃食、娱乐等为主要表达方式，参阅表2-2-1所示，具体如下：

元旦，将元日与人日合并。《荆楚岁时记》记载的"人日镂金箔为人，以贴屏风，亦以戴之头鬓"本是描述人日的节令人文活动，但《宛署杂记》却用以描述元旦节令活动，并以"大小男女，各戴一枝于首中，贵人有插满头者。"来呼应"人日镂金箔为人，以贴屏风，亦以戴之头鬓，即此意也。"可见与唐代相比，明代的节日活动更加集中化。

元宵，正月初十到十六举行，主要是参与游灯市的活动，正月十四试灯，十五正灯，十六罢灯。除游灯活动外，还有次级的多样化活动内容：正月十六妇女群游祈免灾咎，阴暗下摸城门上的一个门钉，摸中的人，示为吉兆；校尉士兵整夜巡视；燃放用泥、纸、箩筐等做的很多种名字的烟火；十六日组织打鬼、跳百索、摸瞎鱼、耍燕丘等娱乐游戏。

二月二龙抬头，民间将石灰从屋外撒向屋内，并围绕水缸撒落，像一条蜿蜒的龙；用面摊成煎饼；用石灰等材料熏床，有驱虫的功效。二月以龙头元素作为活动庆典的象征并非巧合，其源于二十八星宿中的东宫，东宫七宿形态被先民赋予龙形的象征，可参阅图2-2-2，每到二月初，东宫的第一颗星宿就会出现，因而龙头也成为二月的象征。

图2-2-3　明代《明宪宗元宵行乐图》（中国国家博物馆藏）

清明节，明代将寒食节与清明节合并，主要增设了携酒祭奠先人的活动。明代以前的清明仅作为二十四节气之一存在，寒食为清明前三天内的活动，因清明节与寒食节时间相似，两节逐渐融合，到明代这种融合更加清晰，由此清明节成为大节。

三月二十八，设降生之辰，描绘的人文活动与明代之前三月三的人文活动相似，都是参与清水沐浴，去除邪疾的活动。此时明代节令文化活动的时间也发生了变化。

四月，增设了赏游西湖、登玉泉山，十二日耍玩戒坛的活动。

女儿节、端午节，两节活动内容相似，在初一到初五，未出嫁女子佩戴端午索，放置艾草叶，将蜈蚣、蛇、蝎、壁虎、蟾蜍画成五毒符，戴头上，男子戴艾叶和五色丝线，会有踏青的活动。

六月六，其描述与唐时伏日活动类似，有腌制瓜果的习惯，明中期将这一活动单独设置在六月六日进行。

伏日，明代从初伏到三伏之间，增设了锦衣卫官校在护城河内进行清洗的活动。

七月七日，沿袭二十八星宿之北方七宿牛郎和织女星的影响，明中期更神话了这一节日，增设女子通过水中缝纫针倒影的占卜方式来预测女子巧工。

七月十五，唐前以供奉寺庙众佛为主，明中期北方地区改为将葛黍苗、麻苗、粟苗三种植物绑在门上、立在门外，进行祭祀活动，又被称为祭麻谷。

八月，用果仁和面做成月亮形状的月饼，此记录可被视为早期人们对于八月十五节日活动的描述。

九月，蒸很大的花糕点，此处并未提及九月初九佩茱萸、饮菊花酒的活动。

十月，增设了用木板制作成衣服形状，焚烧祭祀祖先的活动。

腊八,十二月初八，并没有写到明前打猎祭祀的活动，而是描述了将五谷和其他果仁煮成粥相互馈赠的活动。

十二月二十四，这是明代增设的，明前史料中只记录了岁前的人文活动，明代将节日活动细化，单独列出腊月二十四的节令活动，用小糖祭祀灶君，将神话传说与人文活动相结合。

除夕，明代以前除夕被称为岁前、岁除，沿袭了聚会达旦、守岁等活动。

明代中后期，受到社会生产力发展的影响，明末时令节日习俗活动表达形式更加多样，

除吃食更加丰富外，纺织技术水平的鼎盛也拓展了岁时节日活动在服饰中的表达，此时时令节日活动氛围已然衍射到了服装服饰品设计之中。《酌中志》与《明宫史》对崇祯时期的晚明民俗和宫廷生活都做了记录，吕毖根据《酌中志》，节选撰写了《明宫史》，参阅表2-2-1所示，《酌中志》中的记载考究内容更加翔实，记载了从万历到崇祯年间的宫闱内的活动事迹。自万历年间开始，民间日常岁时活动逐渐传播至宫中，受到明代社会阶级之景——“以图会意”的服饰品级制度的影响，两者相结合深化为物象符号的“节气之景”，用服饰纹样来象征和表现节令活动，即宫闱内的人轮换穿着具有象征意义的自然事物服饰图案，利用图案反映不同节日活动，以对应时令节气的变换。参阅表2-2-2，可以看出明末自然节令人文活动中增设的服装服饰图案元素。

1.饰品图案元素的增设

《酌中志・卷十九内臣佩服纪略》中记载了铎针上的节令活动所使用的图案花样。铎针为明代官帽上的装饰品，元旦铎针配有大吉葫芦造型，元宵配有灯笼造型，端午配有天师造型，中秋配有月兔造型，重阳配有菊花造型，冬至配有绵羊引子和梅花造型。

2.服装贴里图案元素的增设

《酌中志・卷十九内臣佩服纪略》中记载了服装贴里上使用的图案花样。正旦配有灯景、蟒图案；清明配有秋千、蟒图案；重阳配有菊花、蟒图案；冬至配有阳生、蟒图案，阳取谐音羊，图案中以羊作为代表。

3.服装补子图案元素的增设

《酌中志・卷二十饮食好尚纪略》中记载，宫闱内的宫眷内臣会根据节日的轮换变化，在服装中使用补子纹样对应节气。正旦配有葫芦补子及蟒衣；元宵配有灯景补子及蟒衣；端午配有五毒艾虎补子及蟒衣；七夕配有鹊桥补子；重阳配有菊花补子及蟒衣；冬至配有阳生补子及蟒衣。

表2-2-2 《酌中志》中明代晚期自然节气人文活动中增设的服装服饰图案元素

自然节令	饰品图案造型	服装贴里图案造型	服装补子图案造型
正旦 （明初称为元旦）	大吉葫芦	灯景、蟒	葫芦景补子、蟒衣
元宵	灯笼	—	灯景补子、蟒衣
清明	—	秋千、蟒	—
端午	天师	—	五毒艾虎补子、蟒衣
七夕	—	—	鹊桥补子
中秋	玉兔	—	—
重阳	菊花	菊花、蟒	菊花补子、蟒衣
冬至	绵羊引子、梅花	阳生（羊）、蟒	阳生（羊）补子、蟒衣

4. 饮食文化的增设

《酌中志·卷二十饮食好尚纪略》中记载了宫闱内的时令节气所对应的丰富至极的吃食，文中以“珍味、素蔬，不可胜数”对其进行了详细描述。整体而言，在延续传统吃食的基础上，新增了一些具有代表特点的食物对节令活动进行表达。正旦增设“嚼鬼”，俗称驴肉为鬼，这是吃驴头肉的一种饮食文化；立春时节增设“咬春”，是一种吃萝卜和春饼的饮食文化；元宵增设吃“元宵”的活动；二月二增设吃“鲊”的活动，鲊是古代的一种腌鱼；三月二十八增设吃烧笋鹅、凉饼、糍粑、雄鸭腰的活动；四月增设吃“不落夹”的活动，不落夹是一种芦苇叶包糯米的食物，似当代芦苇叶的粽子；端午增设饮用朱砂、雄黄、菖蒲酒的活动，以及吃粽子和加蒜的过水面条的活动；六月六增设吃过水面和“银苗菜”的活动，银苗菜是指藕的新芽；中元，明初谓之七月十五日，用甜食进供佛；中秋节增设吃螃蟹、饮苏叶汤的活动；重阳节增设食用麻辣兔、喝菊花酒的活动。

5. 活动项目的增设

明末节令人文活动在沿袭明初传统习俗活动的基础上稍加变化。立春时节，增设内臣、达官、武士参加跑马活动；清明增设了荡秋千、插柳的活动；端午增设了斗龙舟划船的活动；中元增设做法事、放河灯的活动；中秋节增设祭祀月亮的活动；岁暮，明初又谓除夕，增设在室内挂福神、鬼判、钟馗等画，在床上悬挂金银八宝、西番经轮，或编黄钱如龙形，以及“�岁”即房子柱子上插芝麻秸、院子中焚烧柏枝等活动。

服装在贴里与补子图案元素中使用的蟒纹，是具有特殊阶级属性的纹样元素，在应景纹样中归属于社会阶级之景。在《酌中志》卷十九与卷二十中都有关乎自然节气之景所配有蟒纹的记录，其原因在于《酌中志》记录的为宫闱内的应景着装，在封建帝制的社会影响下，产生了社会阶级之景与自然节气之景联用的现象。因此蟒纹作为社会阶级之景，并未单独对应某一时令节气，在各个自然节气的服饰图案中都有出现。

受传统节令人文活动内容影响而产生的明代自然节气之景服饰图案的主要纹样有：正旦葫芦纹、元宵灯景纹、清明秋千纹、端午五毒艾虎纹、七夕鹊桥纹、中秋玉兔纹、重阳菊花纹、冬至阳生纹。这些节气之景纹样的表象特征，源于传统人文活动内容，两者不可分开论述，因此，每个节气与节气对应纹样之间的表现特征与渊源将于本书第六章进行详尽论述。

第三节　仪式之景：礼仪与政治

我国自古就是礼仪之邦，《周礼》中古人对于仪式的理解为重在祭祀天地之礼。随人文社会的不断发展与变化，仪式变得多样化。明代大力提倡恢复汉文化，仪式礼仪文化也是汉文化重要的组成部分，在明代，除社会阶级与自然节气所对应的轮换使用的特定搭配图案外，明代重要的仪式活动也有随之对应的具有代表性寓意的纹样，这种意识形态符合明代的时代背景与封建帝制的统治方式。在众多仪式活动中，仪式形制具有一定规模、且具有一定代表性的是万寿圣节、颁历、大婚三大活动。

一、万寿圣节仪式的服饰纹样符号

自唐朝开始，人文因素的节日便开始受到重视。例如，唐玄宗时期所创立的诞节，是以皇帝的诞辰作为与民同庆的节日，《旧唐书·玄宗纪》记载了“以每年八月五日为秋千节，王公已下献镜及承露囊，天下诸州咸令宴乐，休假三日，仍编为令，从之。”明代之前的帝王诞辰称为秋千节，到明代开始帝王诞辰定制称为万寿圣节，又称万寿节，皇后诞辰谓之千秋节。上层建筑与民俗之间的关系自此开始加强，明代自然节日之景的宫廷化起源也可追溯于此。

明代沿袭这一人文因素的节日活动，将皇帝生日命名为万寿圣节。明太祖朱元璋仿《唐六典》敕修的《诸司职掌·仪部》记载“万寿圣节百官朝贺礼仪与正旦冬至同”，明代万历的《三才图会·衣服二卷·国朝冠服》也曾将“正旦、冬至、圣节”节日设为大庆活动，可见万寿圣节为除冬至与元会（除夕与元旦期间的年节）外的第三大节日，在明代具有较强的影响力。从现有定陵出土的部分织物文物中可见“寿”与“卍/卐”组合字形加符号的纹样，“卍/卐”都是来自佛文化中的吉祥符号，唐朝时期定为“万”字；“万、寿、福、喜”的字形纹样与《酌中志·卷十九内臣佩服纪略》记载的“凡遇诞生、婚礼，及尊上徽号、册封大典，皆万万喜此。”相一致；此外还可见以“寿”和四季花组合的字形加图案式的纹样，以“洪福齐天”和蝙蝠纹组合的字形加图案式的纹样等。这也证明了明代中后期便衍生出以服装特定纹样形式来象征皇帝诞辰的节日寓意，借此形式寓意圣节帝王万寿吉祥、洪福齐天。

二、颁历仪式的服饰纹样符号

颁历是皇帝改换年号所颁布的新历的称谓，是一项具有古代中国特色的文化和政治生活，是一种具有显著仪式特征的政治传播，这种传播手段在明代上升为以图案符号为传播媒介。明代之前，最早于周朝《周礼·春官》中便有关于颁历授时“颁朔”和“告朔”的活动记录。到宋徽宗时首次涉及进历后的颁发活动，即“颁朔布政礼”。明朝初期参考前朝旧制，设有“进历仪”，到洪武二十六年改为“颁历仪”，这也是颁历仪式的起点。《万历野获编·卷二十·言事·颁历》有颁历的时间记载，明初“太祖定于九月之朔，其后改于十一月初一，分赐百官，颁行天下。”明中期万历年“又改十月初一。”在明初的《诸司职掌·颁历仪注》中详细记载了颁历的仪式内容，主要由进历、颁历两部分活动组成，进历为钦天监监正从丹陛中道的历案上取回御用历给天子；颁历则为将御用历赐百官、颁行天下的活动。在这两项活动中，天子会穿着对应其颁历仪式的服饰纹样，明代末期《酌中志・卷十九内臣佩服纪略》中记载“颁历则宝历万年。其制则八宝荔枝、卐字鲇鱼也。”其寓意为江山千秋万代。

三、大婚仪式的服饰纹样符号

婚礼服在历朝历代都被视为重要的礼仪服饰之一，蕴含着国家的礼仪制度和时代的审美特征，也是政治理论观念承载的符号表象。最早于周朝时期，男女婚着“爵弁玄端，纯衣纁袡”，即为黑红色调的礼服；汉朝时期在《后汉书・舆服志》中记载女子出嫁时穿着“重缘袍”，是一种在服装缘边装饰双重边的结构立体图案造型的多色袍；隋唐时期，根据品级层次，男子穿着冕服或公服，女子穿着翟衣和袆衣，仅为固有的服饰官衔图案，直到明代才出现特别为大婚而设计的仪式之景图案。受明尚赤的五行学说影响，明代婚礼服男女都为红色，装饰图案也具有以红色为主调底色的特征，至此也开启了后世百年婚服图案和大红吉服的延续与传承。

到明代末期，《酌中志・卷十九内臣佩服纪略》记载：“凡遇诞生、婚礼，及尊上徽号、册封大典，皆万万喜此。”此时在婚礼仪式活动中，以“万万喜”的纹样造型来表达节日喜庆。除此之外，文中还对宫闱内近卫内臣穿着的服饰样貌进行了描绘：“按蟒衣贴里之内，亦有喜相逢色名，比寻常样式不同。前织一黄色蟒，在大襟向左后有一蓝色蟒，由左背而向前，两蟒恰如偶遇相望戏珠之意。此万历年间新式，非逆贤创造。凡婚礼时，惟宫中贵近者穿此衣也。”可见明代大婚仪式的纹样造型与其他礼仪纹样有所不同，独具特色。

明・清明秋千纹 设计：赵晓曦

第三章

明代应景纹样色彩的渊源

第一节　明代之前的纹样色彩变化

纹样色彩是服饰图案的表现方法之一。先民相信形态各异但色彩相近的事物共同拥有某种生命、本质和属性，赋予了图案色彩以特殊社会文化属性。如位于云南省临沧市沧源佤族自治县内的沧源崖画，原始社会人们把矿石颜料赤铁矿粉稀释牲畜血液调和成颜色料，绘制在岩洞上，他们相信人类的生命寄托于血液中，试图利用与人类血液相近的祭祀牲畜的血液色彩，赋予岩画中人物以生命力，具有象征灵魂的宗教寓意。

春秋战国时期，受“礼”“仪”文化，即“天之经也，地之义也”与“则天之明，因地之性”的影响，人们将天地万物用“五行”的形式进行表达，并对其加以合理的利用，以满足人类生活的需求：“气为五味，发为五色，章为五声，淫则昏乱，民失其性。是故为礼以奉之：为六畜、五牲、三牺，以奉五味；为九文、六采、五章，以奉五色；为九歌、八风、七音、六律，以奉五声”[1]。

其中，五色与时空关系相对应的理念即为“五方”，最早出现在商代，即在卜辞中记载了专门用于祭祀四方的黄色动物。[2]

在西周时期古人的方位意识得到加强，在《逸周书》中记载了以五色标识时空的内容，“东青土，南赤土，西白土，北骊土，中央亹以黄土”。这种思想不断被引入礼仪活动中，并在服饰文化中进行表现。《礼记》中记载了天子对日食发生时的一种祭祀礼仪活动，要求将所在方位的色彩作为士兵阵容的标识性颜色。《黄帝四经》曾将阴阳论引入社会范畴，实现了阴阳思想的重要发展，此后其他论著皆以自然时令与阴阳五行合流，设计出“五行相生、四时往复”的宇宙图式，《管子》在其理论基础上将五时、五方、五色结合，形成“五时服色”的思想。“五时服”用色彩来表现时节，与明代自然节气之景用图形来表现节令，有异曲同工之妙，这也为明代服饰及其图案的色彩的应用奠定了基础。

《礼记·月令》中详细记载了帝王随时令节气转换居住场所和所对应的服饰搭配的五色色彩，其记载如表3-1-1所示，具体如下：

孟春之月，……其帝大皞，其神句芒。……天子居青阳左个。乘鸾路，驾仓龙，载青旗，衣青衣，服仓玉，食麦与羊，其器疏以达。……先立春三日，大史谒之天子曰：某日立春，盛德在木。

仲春之月，……天子居青阳大庙，乘鸾路，驾仓龙，载青旗，衣青衣，服仓玉，食麦与羊，其器疏以达。

季春之月，……天子居青阳右个，乘鸾路，驾仓龙，载青旗，衣青衣，服仓玉。食麦与羊，

[1]《春秋左传》，昭公二十五年。

[2] 余雯蔚，周武忠．五色观与中国传统用色现象[J]．艺术百家，2007(5)：138-140.

其器疏以达。

孟夏之月，……其帝炎帝，其神祝融。……天子居明堂左个，乘朱路，驾赤骝，载赤旗，衣朱衣，服赤玉。食菽与鸡，其器高以粗。……先立夏三日，大史谒之天子曰：某日立夏，盛德在火。

仲夏之月,……天子居明堂太庙，乘朱路，驾赤骝，载赤旗，衣朱衣，服赤玉，食菽与鸡，其器高以粗。养壮佼。

季夏之月，……天子居明堂右个，乘朱路，驾赤骝，载赤旗，衣朱衣，服赤玉。食菽与鸡，其器高以粗。

中央土。其日戊己。其帝黄帝，其神后土。……天子居大庙大室，乘大路，驾黄骝，载黄旗，衣黄衣，服黄玉，食稷与牛，其器圜以闳。

孟秋之月，……其帝少皞，其神蓐收。……天子居总章左个，乘戎路，驾白骆，载白旗，衣白衣，服白玉，食麻与犬，其器廉以深。……先立秋三日，大史谒之天子曰：某日立秋，盛德在金。

仲秋之月，……天子居总章大庙，乘戎路，驾白骆，载白旗，衣白衣，服白玉，食麻与犬，其器廉以深。

季秋之月，……天子居总章右个，乘戎路，驾白骆，载白旗，衣白衣，服白玉。食麻与犬，其器廉以深。

孟冬之月,……天子居玄堂左个，乘玄路，驾铁骊，载玄旗，衣黑衣，服玄玉，食黍与彘，其器闳以奄。……先立冬三日，太史谒之天子曰：某日立冬，盛德在水。

仲冬之月，……其帝颛顼，其神玄冥。……天子居玄堂大庙，乘玄路，驾铁骊，载玄旗，衣黑衣，服玄玉。食黍与彘，其器闳以奄。

季冬之月，……天子居玄堂右个。乘玄路，驾铁骊，载玄旗，衣黑衣，服玄玉。食黍与彘，其器闳以奄。

参阅表3-1-1的文献梳理，即在孟春、仲春、季春之月，尊崇的五帝之一是木德王的大皞，敬奉的神是木官句芒，天子依次居住在祭祀教化之所“明堂”的东方，即“青阳堂”的左偏室、正堂、右偏室，乘坐青鸾鸟车，车前驾着青色的骏马，车上插着青色的旗帜，穿着青色的衣服，佩戴青色的玉饰，吃的食物是麦子与羊肉，使用的器皿纹理粗顺达，五行属木，五行色属青。

孟夏、仲夏、季夏之月，尊崇的五帝之一是火德王的炎帝，敬奉的神是火官祝融，天子依次居住在“明堂”的南方，即“明堂”的左偏室、正堂、右偏室，乘坐朱红色的车，车前驾着赤色的骏马，车上插着赤色的旗帜，穿着赤色的衣服，佩戴赤色的玉饰，吃的食物是豆类和鸡肉，使用的器皿高而大，五行属火，五行色属赤。

季夏之末，尊崇的五帝之一是土德王的黄帝，敬奉的神是土官后土，天子居住的是位于“明堂”中央的“大庙”中的正堂，乘坐着天子祭天的大车，车前驾着黄色的骏马，车上插着黄色的旗帜，穿着黄色的衣服，佩戴着黄色的玉饰，吃的食物是谷子和牛肉，使用的器皿圆而大，五行属土，五行色属黄。

孟秋、仲秋、季秋之月，尊崇的五帝之一是金德王的少昨，敬奉的神是金官蓐收（rù shōu），天子依次居住在“明堂”西侧的“总章”中的左偏室、正堂、右偏室，乘坐白色的兵车，车前驾着白色的骏马，车上插着白色的旗帜，穿着白色的衣服，佩戴着白色的玉饰，吃的食物是麻籽和狗肉，使用的器皿有棱角内部深邃，五行属金，五行色属白。

孟冬、仲冬、季冬之月，尊崇的五帝之一是以水德王的颛顼（zhuān xū），敬奉的神是水官玄冥，天子依次居住在“明堂”北侧的“玄堂”中的左偏室、正堂、右偏室，乘坐黑色的车，车前驾着黑色的骏马，车上插着黑色的旗帜，穿着黑色的衣服，佩戴着黑色的玉饰，吃的食物是黍米和猪肉，使用的器皿身大而口小，五行属水，五行色属黑。

五色逐渐与时空观念相像，出现即“五色”象征“五方”的理念。后“五行生胜”之说兴起，认为“木生火、火生土、土生金、金生水、水生木为五行相生，水胜火、火胜金、金胜木、木胜土、土胜水为五行相克”[1]，后历朝历代也延续这一五行学说。

表3-1-1 《礼记·月令》记载的明堂所对应的五方、五时、五色参阅表

<table>
<tr><th>五时</th><th>季节别称</th><th>五帝相配</th><th>五神相配</th><th>时令</th><th>居所</th><th>五方</th><th>堂室</th><th>位置</th><th>车</th><th>舆</th><th>旗</th><th>服</th><th>配</th><th>食</th><th>器</th><th>五色</th><th>五行</th></tr>
<tr><td rowspan="3">春</td><td rowspan="3">青阳</td><td rowspan="3">其帝大皞</td><td rowspan="3">其神句芒</td><td>孟春</td><td rowspan="13">明堂</td><td rowspan="3">东方</td><td rowspan="3">青阳</td><td>左个（左偏室）</td><td rowspan="3">乘鸾路</td><td rowspan="3">驾仓龙</td><td rowspan="3">载青旗</td><td rowspan="3">衣青衣</td><td rowspan="3">服仓玉</td><td rowspan="3">食麦与羊</td><td rowspan="3">其器疏以达</td><td rowspan="3">青</td><td rowspan="3">盛德在木</td></tr>
<tr><td>仲春</td><td>大庙（正堂）</td></tr>
<tr><td>季春</td><td>右个（右偏室）</td></tr>
<tr><td rowspan="3">夏</td><td rowspan="4">朱明</td><td rowspan="3">其帝炎帝</td><td rowspan="3">其神祝融</td><td>孟夏</td><td rowspan="3">南方</td><td rowspan="3">明堂</td><td>左个（左偏室）</td><td rowspan="3">乘朱路</td><td rowspan="3">驾赤駵</td><td rowspan="3">载赤旗</td><td rowspan="3">衣朱衣</td><td rowspan="3">服赤玉</td><td rowspan="3">食菽与鸡</td><td rowspan="3">其器高以粗</td><td rowspan="3">赤</td><td rowspan="3">盛德在火</td></tr>
<tr><td>仲夏</td><td>太庙（正堂）</td></tr>
<tr><td>季夏</td><td>右个（右偏室）</td></tr>
<tr><td>夏末</td><td>其帝黄帝</td><td>其神后土</td><td>季夏之末</td><td>中央</td><td>大庙</td><td>大室</td><td>乘大路</td><td>驾黄駵</td><td>载黄旗</td><td>衣黄衣</td><td>服黄玉</td><td>食稷与牛</td><td>其器圜以闳</td><td>黄</td><td>其神后土</td></tr>
<tr><td rowspan="3">秋</td><td rowspan="3">白藏</td><td rowspan="3">其帝少皞</td><td rowspan="3">其神蓐收</td><td>孟秋</td><td rowspan="3">西方</td><td rowspan="3">总章</td><td>左个（左偏室）</td><td rowspan="3">乘戎路</td><td rowspan="3">驾白骆</td><td rowspan="3">载白旗</td><td rowspan="3">衣白衣</td><td rowspan="3">服白玉</td><td rowspan="3">食麻与犬</td><td rowspan="3">其器廉以深</td><td rowspan="3">白</td><td rowspan="3">盛德在金</td></tr>
<tr><td>仲秋</td><td>大庙（正室）</td></tr>
<tr><td>季秋</td><td>右个（右偏室）</td></tr>
<tr><td rowspan="3">冬</td><td rowspan="3">玄英</td><td rowspan="3">其帝颛顼</td><td rowspan="3">其神玄冥</td><td>孟冬</td><td rowspan="3">北方</td><td rowspan="3">玄堂</td><td>左个（左偏室）</td><td rowspan="3">乘玄路</td><td rowspan="3">驾铁骊</td><td rowspan="3">载玄旗</td><td rowspan="3">衣黑衣</td><td rowspan="3">服玄玉</td><td rowspan="3">食黍与彘</td><td rowspan="3">其器闳以奄</td><td rowspan="3">黑</td><td rowspan="3">盛德在水</td></tr>
<tr><td>仲冬</td><td>大庙（正堂）</td></tr>
<tr><td>季冬</td><td>右个（右偏室）</td></tr>
</table>

[1] 王文娟．五行与五色[J]．美术观察，2005(3):81-87,100.

第二节 明代应景纹样的色彩及特征

明代初期，社会阶级之景的服饰图案色彩也具有社会阶级的属性，图案底色基调因社会阶级地位的不同而呈现不同颜色。《明史·志·卷四十三·舆服三》记载了洪武三年礼部之言："历代异尚。夏黑，商白，周赤，秦黑，汉赤，唐服饰黄，旗帜赤。今国家承元之后，取法周、汉、唐、宋，服色所尚，于赤为宜。"明代服饰颜色以取周汉赤红色为崇尚，下取唐宋黄色，以火德王天下。

统治阶级的帝王服色，以红、黄两色为主，这也奠定了其服装图案底色基调。十二章纹图案色彩在帝王服饰中也有固定配色，源于五行学说的色彩分配，即木表青色、火表赤色、土表黄色、金表白色、水表黑色。如图3-2-1所示，从台北故宫博物院所藏的明代帝王像中可以清晰地看到衮服正面的十二章纹图案色彩："日纹为赤红色，表火；月纹为白色，表金；龙纹多为红色，表火，映衬明代以火德王天下；华虫纹用五色，表文丽；宗彝纹器皿为青色，表木，内猿、虎图形为黄色，表土；藻纹为青绿色，表木；火纹为红色，表火；粉米纹为白色，表金；黼纹与黻纹都为黑色，表水。"在明代帝王像正面图中未见星辰与山纹，是因为两纹饰位于衮服的背面，如图3-2-2所示，定陵出土的红四合云纹缎绣十二章衮服背面，领下绣有星辰纹，以五色球赋予星辰色彩，表金木水火土五行；山纹位于中部两侧以黑白色彩构成，表水和金，其形态与海水江崖纹中的山体形似，都寓意江山永固。

明代中等阶级九品官员常服色分为三等，一品到四品着绯色（红色）袍服；五品到七品着青色袍服；八品、九品着绿色袍服，如图3-2-3至图3-2-6所示的雅集会中臣子所着的三种服色。除常服外还有忠静服，服色用深青色，三品及三品以上用云纹，四品以下用素地补子，边缘装饰蓝青色。因此，明代品官补子纹样色彩为单色或五色，五色与五行对应。

明代自然节气之景的纹样色彩源于民间，明中后期在宫闱内发展鼎盛，受纺织生产力繁荣的影响，其应景节日图案纹样色彩非常多样，但仍以五行色为主，其中红、黄二色在图案纹样色彩中占据了更多的区域和位置，从明代应景纹样文物中也可以看出这一特征。自然节气之景纹样色彩的使用与统治阶级服色红、黄为主是密切相关的，因为明代根据五行学说，取周汉红色与唐宋黄色作为统治阶级的主要色彩，这在仪式之景色彩中也有所体现。

明代仪式之景纹样，凡与文字图案组合时，文字多以黄色作为主体色彩，配以特殊的植物纹样进行象征，或是搭配固定的纹样色彩，如蝙蝠纹，多以红色来表达"洪福"这一寓意。仪式之景纹样整体色彩氛围感偏向于暖色，除红、黄背景色之外，色调还会使用介于红色与黄色之间的色相，这不仅符合帝王用色习惯，而且更能烘托出节日气氛。

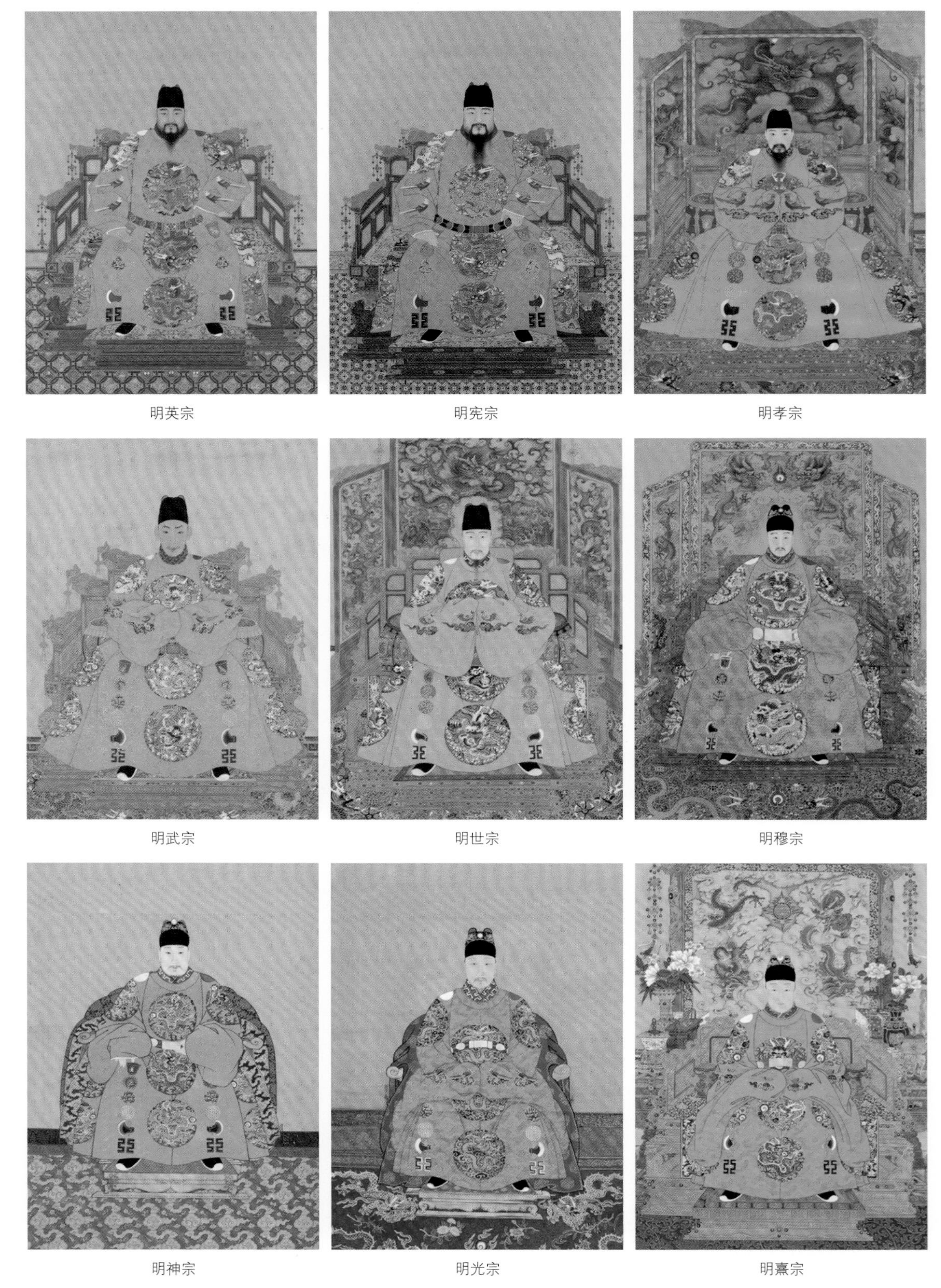

明英宗　明宪宗　明孝宗

明武宗　明世宗　明穆宗

明神宗　明光宗　明熹宗

图 3-2-1　明代帝王像滚轴（台北故宫博物院藏）

图 3-2-2　定陵红四合云纹缎绣十二章衮服复刻（南京云锦研究所复刻）

图 3-2-3　明代吕纪、吕文英合绘《竹园寿集图》卷绢本（故宫博物院藏）

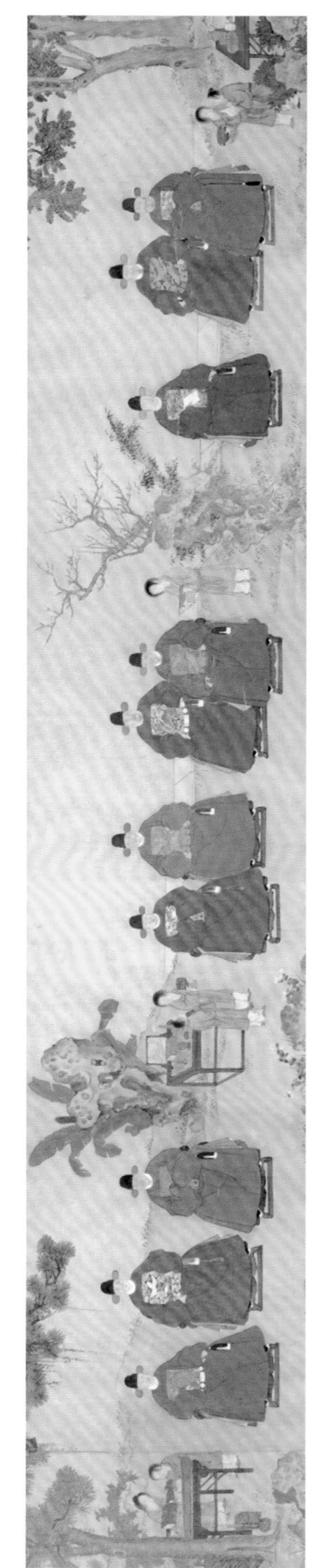

图 3-2-4　明代《十同年图》卷绢本（故宫博物院藏）

图 3-2-5 明代《五同会图》卷绢本（故宫博物院藏）

图 3-2-6 明代谢环绘《杏园雅集图》局部（镇江市博物馆藏）

明 • 端午艾虎纹 设计：赵晓曦

第四章

明代应景纹样的社会学表象

明代应景纹样不仅具有一定的自然、文化内涵和审美意趣，作为特定历史背景下的产物，也是明朝文化生活和社会习俗的集中体现。结合明代社会文化对应景纹样的工艺、用色、造型进行分析，探讨应景纹样的功能，有利于进一步认识明代时期服饰的表现形式和构成规律，为应景纹样的创新应用提供帮助。

基于孔德、斯宾塞、涂尔干等古典社会学家的社会有机体思想的基础，结构功能理论由塔尔克特·帕森斯提出，并受到拉德克利夫.布朗和马林诺夫斯基等社会人类学家的深刻影响，帕森斯运用了“结构”和“功能”两个范畴，将结构功能主义扩展到一般社会系统理论，产生了AGIL模型用来研究和解释社会现象。在AGIL模型中，A指适应（Adaption），即社会系统对环境的适应功能，其中环境指的是人、自然、文化等社会生活的各个方面。社会系统必须同环境之间发生一定的关系，在不断顺应环境发展变化的同时，对环境进行着积极的改造。G指目标达成（Goal Attainment），即社会系统确立总目标的功能，其中总目标是指某种期望状态。当某一社会系统确立了一个总目标，该系统便会引导社会成员根据该目标而付诸行动直至目标实现。I指整合（Integration），即对社会系统各组成部分进行合理有效的协调，以使其达到一定程度的团结并进而开展有效互动与合作的功能。这项功能十分重要，因为只有将系统各个部分联系在一起，保持协调一致，才能使系统作为一个整体，进而有效地发挥功能。L指潜在的模式维持（Latency Pattern Maintenance），即根据系统里的某些规则和制度，约束着系统内部的活动，并保证其有效运行的功能。在系统运行过程中，活动主体有可能会出现互动中止的现象，这时就需要发挥该系统的潜在模式维持的作用，保证系统重新运行时能够恢复原来的互动关系，保证系统有效运转。[1]

明代节气之景的应景纹样作为明代岁时生活的一个面向，是明代文化生活的一个重要组成部分，作为一种社会现象，它与象征社会阶级的明代十二章纹、补服纹样、赐服纹样和重要的社会仪式活动纹样，都是通过在明代服饰上的运用，构成一个相对完整、规范的服饰纹样体系，具有其独有的特征和功能。

第一节　适应时代发展的需求

一、商品经济和相关技术的发展

明代中晚期商品经济繁荣，在商品经济影响下，手工业日渐鼎盛，出现了一批像苏州盛泽镇这样的商业巨镇，城市和乡镇内的纺织也已形成官营和民营两大完整的系统。[2]纺织业与丝织

[1] 贾春增.国外社会学史[M].北京：中国人民大学出版社,2005.

[2] 李炎,徐适端.明代市镇纺织业及其发展[J].重庆社会科学,2008(10):107-109.

业的发展进步为服饰和纹样的丰富提供了必要的材料和完善的技术支持。过去官员、命妇外衣上的补子一般不会因节令而变化，但到了那时，补子随时节而一年数变成为可能。

二、社会风气的转变和民俗活动的丰富

商品经济的繁荣提升了工商业者的社会地位，带来了市民阶层的逐步扩大，明末，全国城市商业人口高达610万，社会观念和社会风气也随之改变，民俗活动更加丰富，节日民俗活动体现出多元化的特点。在明代崇祯初年，文人刘侗、于奕正所写的《帝京景物略·卷二》中记述了北京一年四季的节俗活动：正月元旦吃年糕、互相拜年；正月八日至十八日集东华门外灯市，妇女“走桥”“摸钉儿”；正月十九集白云观耍燕九，弹射走马；三月清明日，男女扫墓；三月廿八日，趋齐化门，鼓乐旗幢为祝；五月五日之午前，群入天坛避毒；七月十五日放河灯；八月十五祭月、焚月光纸；九月九日登高、食花糕；冬至贺冬、贴“九九消寒图”……在描绘晚明北京灯市的盛大场面时，作者写道：向夕而灯张，乐作，烟火施放。于斯时也，丝竹肉声，不辨拍煞，光影五色，照人无妍媸，烟罥尘笼，月不得明，露不得下。[1]

在这样繁盛的民间民俗活动的影响下，明代宫廷生活也逐渐“俗化”。与民间活动不同的是，由于宫廷生活的特殊性，其民俗活动虽空间范围不及民间，但奢华程度远胜民间，其表现之一即更加注重服饰更换，这使得节气应景纹样的运用空间进一步加大并日趋流行。

三、神灵崇拜成为普遍信仰

明代从宫廷到民间对神灵的崇拜都很虔诚，诸神崇拜不仅存在于民众观念之中，也存在于宫廷生活中，神灵崇拜作为最普遍的信仰风俗，成为社会生活中不可或缺的内容。

明代苏州文人文震亨撰写的《长物志》中提道：岁朝宜宋画福神吾及古名贤像；元宵前后宜看灯、傀儡；……三月三日，宜宋画真武像；四月八日，宜宋元人画佛及宋绣佛像；十四宜宋画纯阳像；端五宜真人玉符，及宋元名笔端阳、龙舟、艾虎、五毒之类；……七夕宜穿针乞巧、天孙织女、楼阁、芭蕉、仕女等图；……十二月宜锺馗、迎福、驱魅、嫁妹，腊月廿五，宜玉帝、五色云车等图；……立春则有东皇太乙等图，皆随时悬挂，以见岁时节序。[2]从悬挂节令画的季节更迭中，我们可以看到，明代中后期对神灵崇拜的泛滥。这与五毒、艾虎、鹊桥、玉兔等应景纹样的出现交相呼应，人们将其穿在身上，体现了当时人们对神灵的崇拜心理。而明代宫廷祭祀礼制则更加强调对天和祖先的崇拜，通过祭社稷、祀先农、拜风云雷雨、日月星辰、

[1] 明刘侗、于奕正撰《帝京景物略·卷一》。

[2] 明文震亨撰《长物志·卷五·书画·悬画月令》。

山川城隍以及其他各种自然神灵，来祈求风调雨顺、农业丰收，这一点在十二章纹的运用上体现得极为突出。

第二节　应景纹样的目标达成

节气纹样随时节变换、十二章纹样专权独一无二、补服与赐服纹样具鲜明阶级特性、人文仪式活动纹样的别有寓意，在某种程度上都在“应景”而变、随景而化，在这一过程中通过建立自身相对稳定的有序结构，以充分发挥自身功能，以满足人类相应的功能和需要。

一、强化顺应天时的文化承载

中国“天人合一”的观念由来已久，成熟于先秦时期，而在汉代形成了中国独特的文化－心理结构，其中“天人合一”的关系和“天人感应”的宇宙图式即是重要内容，强调“人”必须与“天”相认同、一致、和睦、协调。[1]这样的观念表现在服饰文化上便具化为款式、纹样、色彩甚至配饰等元素。在《后汉书・舆服制》中就记述了皇帝头戴“通天冠，其服为深衣制，随五时色……”即春青、夏朱、夏末黄、秋白、冬黑，寓意祭祀东西南北四神和黄帝。[2]明晚期延续了古代服饰顺应天时的观念，不仅用色彩表现时节，还开始用纹样图形对应节令，这更加充分地体现了人认识、遵循天而进行活动的文化观念，反过来又强化了顺应天时的文化承载，促进了彼此互构。

二、王权象征的目标指向

最能体现阶级特性的纹样非十二章纹莫属。明代几次规范十二章纹的使用，但整体样式、章纹的题材和数量基本没有变化。在明代，十二章纹作为王权象征成为皇家专用，只有天子、皇太子、亲王、君王和世子可以使用十二章纹中的纹样，并且按等次差异以数量递减使用，其中只有皇帝可以使用十二章纹，皇太子、亲王减日、月、星，世子再减山、龙，郡王再减火、华虫。官员也依照文武、等级穿着不同补子图案的官服，通过服饰上的“礼”建立起一套明晰的等级制度和规范，这使得本身就具有“昭名分，辨等级”特性的十二章纹，王权象征目标指向更加明确。

此外，明代在意识形态领域提倡恢复汉族传统，因此在帝王服饰上除了有行政王权的十二章纹，还加入了许多象征汉族各个时令的应景吉祥花纹，如七夕节的喜鹊纹、端午节的五毒纹

[1] 李厚泽．中国古代思想史论[M]．北京：人民文学出版社，2021．

[2] 柳诒徵．中国文化史（上）[M]．吉林：吉林人民出版社，2013．

和年节的葫芦纹等，这里也包含着统治者强化华夏主体地位的思想意识。

三、表达辟邪祈吉的心理寄托

不论是随时节变换的节气纹样、专权独一无二的十二章纹、具鲜明阶级特性的补服与赐服、还是别有寓意的人文仪式活动纹样，均离不开辟邪祈吉的美好主题。

以麒麟纹为例，麒麟在寓意上兼有辟邪、祈吉的双重含义。有研究认为：麒麟不仅是“仁义温善之化身”和“多子多福之吉兆”，同时也是“避邪求财之瑞兽”。[1]人们通过在纹饰上绘以图案的方式寄托对美好生活的期盼，希望能够祛除邪魅、趋吉迎福。

这种心理在节令或庆典时会表现得更加强烈，因此，人们端午饰以艾虎、五毒纹样，七夕饰以鹊桥纹样，大婚饰以喜字纹样，万寿圣节饰以寿字纹样……这种意义上的“应景”，其实是社会意识形态的一种反映和追求。

第三节　应景纹样的整合功能

促进社会整合的最重要和最根本的要素是价值共识，即在整个社会和文化结构之下，存在着特定社会系统中大多数成员同意和肯定的目标和原则。帕森斯在阐述结构功能主义理论时认为：“社会作为一个体系，必须形成某种制度性结构以加强团结，并对可能出现的冲突进行调节。”应景纹样作为一套文化艺术符号，建立起一个与时节、阶级、社会活动相关的结构，并使人们对应景纹样的认知与运用形成了一种共识，这种共识建立了人们彼此之间的认同，从而促进了整合功能的实现。

明代宫廷有一套完整的岁时节日体系，“应”时令之“景”的气节纹样要按照岁时节日顺序交替更换，《酌中志·卷十九内臣佩服纪略》记载：“自年前腊月二十四祭灶之后，宫眷内臣即穿葫芦景补子及蟒衣……元宵，内臣宫眷皆穿灯景补子、蟒衣……五月初一日起，至十三日止，宫眷内臣穿五毒艾虎补子、蟒衣……七月初七日七夕节，宫眷穿鹊桥补子……九月重阳景菊花补子、蟒衣……冬至节，宫眷内臣皆穿阳生补子、蟒衣”。可参阅第二章第二节的表2-2-2，每一个节气皆有一二具有本节气特点的纹样与之对应，形成了应时节气纹样的服饰体系。

在古代，服饰一直被作为一种维护现有秩序的体系而存在。到了明代，除了之前提到的十二章纹有着严格的使用规范外，官员官服上的补子纹样与赐服纹样也建立起一套体现等级秩序的结构。文官根据等级绣有禽鸟类补子，走兽类补子为武官所用，既体现了不同官职的特点，又有彰显着等级的差异，具有严格的规定，不可逾越；赐服纹样根据帝王拉拢的势力不同，赐

[1] 罗姝.《诗·周南》“麟”意象考论[J].中国文化研究,2010(2):160-166.

予不同等级的蟒服、飞鱼服、斗牛服、麒麟服，既体现了不同亲近关系的特点，又有彰显等级的差异，虽具有严格的规定，但因过多的赐服数量和帝王无序的管理制度，后期已无章法。

第四节　应景纹样的维持功能

明王朝为消除元代蒙古服制对汉族的影响，强调恢复汉民族的文化传统，在服饰方面下令“悉命复衣冠如唐制”。这里的唐制并不专指唐代，实指历史上中原地区汉族所建王朝制定的舆服制度，这就确定了明代舆服恢复汉官威仪的指导思想。[1]这样的指导思想表现在服饰上是吉祥纹样的传承，其实质是儒家思想的深厚积淀。因为汉族传统服饰除了具有造型美的特点外，最重要的是一种精神内核的表达，因此这样的纹样使用，促进了文化和审美的互认。

应景纹样的维持功能主要体现在文化认同维系和教化传承两个方面，主要通过文字语言、社会活动和传说故事三种渠道来实现。

首先，人们借助丰富的想象力，运用比喻、谐音、象征等多种手法赋予纹样以恰当的意象和情感，这在脱离了儒家文化和汉语文字的基础上是绝无可能实现的，因此，人们愿意饰以应景纹样、能够读懂纹样所“应”之“景”，是因为人们的认同维系着社会关系和结构。

其次，不论是在节气纹样还是寓意纹样中，多有表现人们日常生活和社会活动的内容，人们将这些生活场景或活动制成纹样穿在身上，展现的是对一种社会行为规范和社会价值规范的认可遵循。以秋千纹样为例，明《永平府志・风俗》中记载，清明时节“家家树秋千为戏”。刘若愚在《酌中志》记述：“三月初四日，宫眷内臣换罗衣。清明则秋千节也，带杨枝于发。坤宁宫及各后宫，皆安秋千一架。”李开先在《闲居集・观秋千作》中记录：“东接回军，北临大河，庄名大沟崖，清明日高竖秋千数架，近村妇女欢聚其中，予以他事偶过之，感而赋诗：彩架傍长河，女郎笑且歌。身轻如过鸟，手捷类飞梭。村落人烟少，秋千名目多。从旁观者惧，仕路今如何。”可见，明代宫廷、民间都十分流行女子秋千，其已成为古代女子日常交往、建立人际关系的一种桥梁和纽带，某种意义上看，也是对古代妇女言行、思维的一种教化（图4-1、图4-2）。

另外，应景纹样中的许多含义需要通过古代传说、神话故事来解读，如七夕牛郎织女鹊桥会、嫦娥奔月等。在这些故事背后，有深厚的文化内涵和丰富的习俗活动。如在我国古代盛行的七夕乞巧活动，民间女子通过祭拜织女祈求获得智慧、灵巧和美满幸福的婚姻，以此进行一系列社会活动，有研究发现，通过举行、参加乞巧活动，能够有助于社会性别的确认、巩固家庭稳定，整合了女性的价值观念，促进了文化价值和文化规范的整合。[2]

[1] 华梅，等．中国历代《舆服志》研究[M].北京：北京商务印书馆，2015.

[2] 李霞．七夕节的民俗文化功能[J].沧桑，2010(10):155-156.

图 4-1　明代郭诩《乞巧图》（中国嘉德 2007 年拍品）

图 4-2 明代明人仿仇英《汉宫乞巧图》局部

第五节 应景纹样的符号论表象

应景纹样作为一套文化视觉符号，是当时人们意识与观念的外在表达，建立在一定历史、文化和社会结构中的符号有其特定的意义，发掘其形成的内在规律，认识其能指和所指，尝试解释为何选择这些符号作为纹样这一命题，探究符号系统内部符号与符号之间的构成关系，以透视纹样背后的社会事实和历史情境。

一、纹样的语义学解读

索绪尔的符号学认为："符号可以看作能指和所指两部分的结合，所谓的能指，就是指表示者，所谓的所指，就是指被表示者。"能指是符号的语音形象，所指是符号的意义概念。放在服饰领域，服装的设计形式即能指，隐含在背后的着装人的身份、地位、受教育程度以及社会关系等即所指。依此观点来看的话，纹样的发展变化，是不同能指与所指在特定时期的结合。

站在服装设计的角度，了解纹样的能指与所指，有助于我们深化对其的认识，并对其进行创新运用，在本书第五～七章中，罗列了详细的表格来说明应景纹样的“能指”和“所指”。

二、纹样的语构学解析

语构学研究的是一个符号系统内部各个符号的特性以及符号与符号之间的连接关系，体现的是符号的形体、构造与组合性质。服装设计中的图案的点、线、面并非是一盘散沙，而是要通过一定具有设计和变化特色的构成规律，组合成一套整体，从而体现出其背后的含义与情感。通过语构学的分析，我们也能够丰富对纹样的认识，了解其内在的结构机理，从而更好地运用纹样进行服装设计。

从纹样数量上来看，古代纹样设计思维中“重复”的运用较为突出。“重复”是指相近或相同纹样的连续不断出现，通过一定的排列方式组合，形成一套具有连续特征的纹样符号。这一点在很多应景纹样上都有所体现，但最具有特色、数量要求最明确的是十二章纹。

隋代对服章做出了一种影响后世的创新，叫作“重章”。隋朝虞世基建议在衮服上“又山龙九物，各重十二行”，即除了日、月、星三个纹样各是一个之外，其他九种纹样每种一列，共九列，每列同一个服章重绘十二次，就有了108个服章，排列成一个“方阵”[1]。这种“重章”排列方式被明代所沿用，运用“重复”的手法将纹样的变化和统一结合起来，形成一种连续感，使得服饰纹样既不显单调突兀，又不致杂乱无章，突出了服饰的节奏感和秩序美，使视觉得到了满足，也增加了冕服的稳重感。

不仅如此，有些十二章纹中本身也是将构成符号的基本元素不断重复并以某种方式组合起来而形成的，如山纹是山峰元素的排列重复，火纹是火苗元素的堆叠重复，粉米纹是米粒元素的聚集重复，通过元素重复，不仅使纹样更加形象化，使其具有了新的形态，而且提高了辨识度，符号感增强。

与节令相关的节气纹也是一样，目前发现的许多气节纹样都呈现出对称或近对称的特点，这一点在应景补子上体现的尤为明显，这与补子正圆、正方的形状是有关系的，显示出一种平衡之感，使补子整体具有一种饱满、规整、和谐的感觉。当然在一些非补子类的应景纹样面料上，纹样的排列也有以交错方式去展现的。

[1] 顾凡颖．历史的衣橱[M]．北京日报出版社，2020:70.

明 • 七夕鹊桥纹 设计：赵晓曦

第五章

明代阶级之景的构成与设计表达

第一节 明代十二章纹的表现特征及服饰图案设计创新

一、表现特征

虽然各个朝代对十二章纹的具体服章的理解和数量结构排布有所同，但明代十二章纹通常指的是：日、月、星辰、山、龙、华虫、宗彝、藻、火、粉米、黼、黻。每个章纹都有相对应“能指”的符号化表现特征和符号象征的“所指”意义，如表5-1-1所示。十二章纹的具体表现特征如图5-1-1所示，明太宗（成祖）永乐时期，内阁胡广等人奉敕撰写《书传大全》中所记录的“虞书十二章服之图”，对明代十二章纹进行了具体的特征描绘。

表5-1-1 明代十二章纹样符号的解析

符号	能指	所指
日	圆日内饰“三足乌”，有云纹衬其下方	代表天象，光耀指引，阴阳思想
月	圆月内饰玉兔在桂树旁捣药，有云纹衬其下方	
星辰	三星连缀	
山	山峰形状，群山	山神崇拜，江山永固
龙	龙形，常成对出现，左降右升	象征君王，代表神灵
华虫	雉鸡，有的配以云纹	代表文采、仁德，天下太平
宗彝	一对祭祀酒尊，分别绘有一蜼一虎	敬重祖先，庇佑后人
藻	圆形水草纹	洁清有文
火	水波形火纹	明亮、积极向上
粉米	米粒聚集，呈圆形	粮食，社稷，风调雨顺
黼	斧头，由斧身、斧刃及斧柄三部分构成	权力
黻	“亞”字形绶带	背恶向善，明辨是非

（1）太阳、月亮、星辰都是令先民敬畏的自然崇拜之物，代表天象，此三种为十二章纹之首，取其明亮之意，有光明指引的意思。同时，日为阳、月为阴，星辰随时而动，又有阴阳交合、时空交会的意思。日纹为圆日，内饰“三足乌”，有云纹衬其下方；月纹为圆月，内饰玉兔在桂树旁捣药，有云纹衬其下方；星辰由三星连缀而成，反映了古人对天象的观察和崇拜。

（2）“山”的纹样为山峰形状群山姿态，呈三角形。古人以狩猎、采集为生，山中丰富的物产是人类赖以生存的生活资料来源，被视为万物之源。《尔雅注疏》中记载：“释山”云：“‘山，产也。’言产生万物。”《说文解字注》“释山”云：“山，宣也。谓能宣郁气，生万物也。有石而高象形。”同时，山的高大形象又加深了这种崇拜心理。[1]后来古人又将祭天文化、封禅文化与大

[1] 顾凡颖．历史的衣橱[M].北京日报出版社,2020.

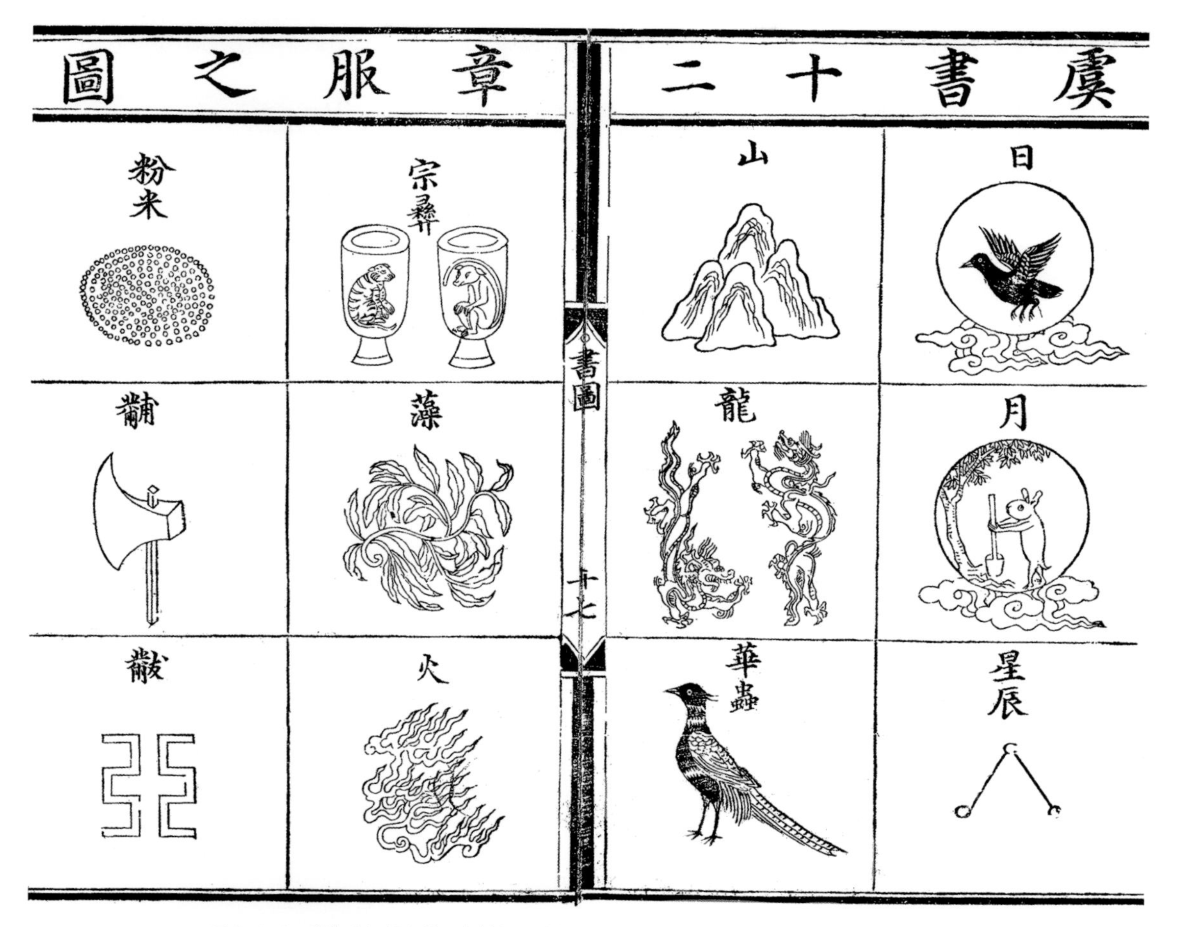

图 5-1-1　明代内阁胡广等人奉敕撰写《书传大全》十二章纹样貌（明正统时期内府刊本）

山结合，使山与皇权、江山相关联，建立起君权神授、江山牢固的含义。

（3）龙作为一种想象中的神物，具有呼风唤雨、上天入地的神力，很早开始就是帝王、权力的象征，集鹿角、牛头、虾眼、驴嘴、蛇腹、鱼鳞、凤足、人须、象耳等于一身的图案，寓意君主无所不知、无所不能。明代十二章纹里的龙纹多成对出现，左右对称，一升一降。

（4）华虫即五彩羽毛的鸡，明代中后期，华虫纹脚下踩有云纹。因雉鸡身披五彩，象征君王赋文采、讲仁德。唐代诗人李峤诗《雉》有云："白雉振朝声，飞来表太平。"表示华虫为天下太平的象征。

（5）宗彝，古时宗庙祭祀时用于盛酒的礼器的总称。《周礼・春官》记载，彝有六种，分别为：鸡彝、鸟彝、斝彝、黄彝、虎彝、蜼彝。其中，蜼是一种体形较大的长尾猿，盘尾而坐，虎相对而坐。古人认为虎有猛力，蜼能避害，同时，古人将虎视作忠诚的象征，将蜼视作孝顺的象征，符合传统文化中对忠君孝亲的要求，更蕴含着"家国天下"的意蕴。

（6）藻，即水草。其纹样多因水草卷曲回旋而呈圆形。《礼记・王制》孔疏曰："藻者，取其洁清有文。"以自然之物，象征人之品质洁净与腹内文采。

（7）“火”作为一个象形字，描绘了熊熊燃烧的样子。明代火纹整体呈水波形状，自下而上蜿蜒蔓延的造型增强了庄重感。过去，人们把火看作十分神圣的东西，用它来驱寒取暖、烧熟食物、驱逐野兽……在某种程度上，火是权力的象征。现代社会中，也常有传递圣火的仪式活动。火的使用作为人类文明史上具有极大意义的事件，在漫长的历史中，代表着明亮与温暖，体现了历史的进步。同时，燃烧着的火让人有充满希望、蒸蒸日上的感觉。

（8）粉米，一说即白米，一说“粉若粟冰，米若聚米”。但无论如何，粉米纹是十二章纹当中唯一的粮食类纹样，纹样由梭形米粒聚集而成，整体呈圆形。《周礼·春官》曰：“粉米共为一章，取其洁，亦取养人。”在以农耕为主的古代中国，米是传统饮食当中最重要的主食之一。从考古发现来看，在距今六七千年前，中国就已经形成了在长江流域以稻类作物为主、黄河流域以粟类作物为主的农业类型。北齐颜之推《颜氏家训》言：“夫食为民天，民非食不生矣，三日不粒，父子不能相存。”可见米对国计民生的重要性。因而每年的皇帝亲耕、皇后亲蚕都是国家必不可少的大典，既显示了国家对农事的重视，也表达着帝王期冀风调雨顺、人民富足的愿望。[1]

（9）黼即斧子，其纹刃白身黑，象征黑白善恶分明。作为一种兵器，斧子是权力的象征，既代表着遇事果敢坚决，也代表着皇权的杀伐决断，体现出一种威严。

（10）黻为绶带，纹样呈“亞”字形相背，通常由两色组成。两条绶带相背，有背恶向善之意，寓意君王能够明辨是非。

从排列方式上来看，重复纹样往往有两种排列方式：对称和交错。在明代冕服之上，纹样的排列方式主要为对称。从单个纹样看，日、月、星辰、山、黻纹左右对称，藻、粉米纹中心对称。在纹样分布看，明代冕服上的十二章纹排列均衡，整个服装纹样沿中轴线左右对称，虽有些纹样如宗彝纹在图案元素上并非完全对称，但整体还是保持了一种均衡感和稳定感，凸显了皇权的威仪与庄重。

二、创新设计

根据明代十二章纹的表现特征，后人利用其“能指”与“所指”的符号意义，将图案应用在了各行各业中。如图5-1-2所示，由鲁迅、钱稻孙和许寿裳为中华民国北洋政府时期所设计的国徽，便是使用十二章纹、嘉禾、干三者元素进行的融合设计。国徽中心位置，用斧子形态来表示黼元素，上面刻画有点状粉米元素，盾牌表示干元素，盾牌中有双穗禾代表嘉禾元素，黼左右两边各站着手里拿着宗彝的华虫与龙元素，华虫身上覆有藻元素且头上有星辰元素造型，龙身上有火元素且犄角旁覆月元素，黼元素正上方为日元素形，黼下方的丝带代表层峦叠嶂的

[1] 顾凡颖．历史的衣橱[M]．北京日报出版社，2020．

山元素，山元素中有“亚”形的黻元素。此时的十二章纹元素在传承的基础上添加了新元素进行“所指”的表达，符合现代传承与创新的理念，且图案造型具有现代化的简洁表达特征，像传统日中有乌、月中有兔、宗彝有猿虎等元素仅保留其轮廓，造型更为简洁，这也符合现代概括化的审美特征。不难发现此时的章纹使用已不再拘泥于明代时期十二章纹元素作为单独纹样的使用方式，而是用现代手法将元素重新排列设计，并加以连接（如以月、星辰修饰华虫和龙，以粉米点缀黼），融合为一个对称却富有变化的图案。

图 5-1-2　1913~1928 年中华民国北洋政府时期钱币上的嘉禾国徽

在当代的服饰图案设计中传承明代十二章纹元素时，最重要的是要让人直观地感受到明代的风格特征，因此十二章纹元素的设计需要符合明代的风格表达，才能传递出明代图案的设计气息，同时也要符合当代人对于审美的需求特点，结合当代服饰工艺表达形式，才能为明代十二章纹在服饰中的传承与创新提供一种新的设计思路。

明代十二章纹的造型具有一定的形制特征，然而当代的服饰图案造型却需要突破形制约束，凸显设计的多元化、个性化，与新时代审美相契合，因此以下明代十二章纹在当代服饰图案造型中，运用了对称、旋转、颠倒、借代、穿插、错位、分散多种创新设计手段，在传承明制十二章纹特征的图案元素特征的基础上，用当代的造型塑造手法，对其进行设计表达。

（1）对称，传统图案多以对称的造型方式来达到视觉平衡的感知效果，如图5-1-3至图5-1-6所示，便是遵循传统的视觉对称的审美手法所设计的平衡式适合纹样图稿与服装上的设计应用。当代的服饰图案在遵循传统视觉平衡的效果为目的同时，其造型的表达方式可以更具多样性。

（2）旋转，视觉旋转的设计手法能打破传统图案对称式的思路，又能达到传统图案视觉平衡的感知效果，图5-1-7所示的十二章纹应用便是使用了视觉旋转的设计手法进行的服饰图案设计创造。

（3）颠倒，可以理解为图像画面具有两种相反视觉感知效果，简单理解可以是画面与倒影图形结合的效果。如图5-1-8所示为明代十二章纹图案创新设计，利用颠倒手段，将月、华虫、藻等元素倒置，达到一种具有复杂结构的重组状态，形成一种倒影形态的创新图案造型。

（4）借代，常在语法中使用，为借一样实物来代替另外一事物出现。当代服饰图案造型的设计也可根据这种模式，对图案元素进行借代表达，如图5-1-9所示，明代出现了与龙纹元素相似的赐服纹样即蟒纹、飞鱼纹、斗牛纹、麒麟纹，该图中“龙”元素弯角、鱼尾，这其实是赐服斗牛的纹样特征，因此这里借“斗牛”来代指“龙”元素，将不同社会阶级之景元素进行了融合创新，使画面中的元素内涵更加丰富，也更能体现出明代的风格特征。另一种借代的表现形式，如图5-1-10所示，该图案是一种适合纹样的组织形式，外围的实心连珠造型引人注目，这种连珠造型是沿丝绸之路传入我国的一种装饰纹样，盛行于隋唐时期，该设计借“连珠纹”代指“星辰”，这种借代手段是一种跨时代的借用，将隋唐时期的传统风貌与明代十二章纹元素做结合，形成一种新的审美情趣造型。

（5）穿插，是指通过图案之间的组合形成一种连带层叠的造型效果。如图5-1-11至图5-1-13所示，是以黻元素作为框架，通过龙元素的串连将元素连接在一起，形成具有层次感的一个整体设计纹样。图5-1-13在穿插基础上通过立体的表达方式将不同层次元素塑造出厚度，层次效果更为明显，具有一定的重量感。

（6）错位，通过正面视觉画面效果，将多种元素组合成具有层次、交叠、错落效果的一种表达方式。如图5-1-14至图5-1-21所示，错位手法可以通过将适合纹样与单独纹样组合使用进行表达，但值得注意的是，无论是单独纹样还是适合纹样，上层图案元素要大于、超出或叠压下一层图案廓型，才能达到错位的视觉效果。这种错位的设计手段，可将主视觉图形更加突出。此外，明代十二章纹图案的设计需要结合当代的工艺形式，才能在服装服饰品中展示出来，如图5-1-21所示，使用错位手段设计的图案造型自身具有一定的复杂性，当结合珠片绣等大颗粒辅料制作时，要考虑珠片颗粒在图形中的比例大小，才能合理安排错落的拼合关系。

（7）分散，可以理解为将元素之间分离化、无交叠，元素可以形成独立的个体。如图5-1-22所示，这种设计手段可以让十二章纹元素更加清楚明确，但在设计的时候应该注意，分散的元素要能形成一个完整的画面，避免出现过于分散凌乱的布局。在结合当代服装图案工艺技术的时候，分散的设计手段可以简化制作难度，如图5-1-23、图5-1-24所示，制作分散的单一纹样元素时不会受到其他元素周边布局的影响，对于个体的塑造更加便捷。整体服饰图案造型更加清晰、简洁、明了。

图 5-1-3　北京服装学院服装与服饰设计专业 2019 级崔维娜
手绘十二章纹图案作品
（指导老师：赵晓曦）

图 5-1-4　北京服装学院服装与服饰设计专业 2019 级纪懿真
手绘十二章纹图案作品
（指导老师：赵晓曦）

图 5-1-5　北京服装学院服装与服饰设计专业 2018 级郝艺童
手绘十二章纹图案作品
（指导老师：赵晓曦）

图 5-1-6　北京服装学院服装与服饰设计专业 2019 级周婕
十二章纹服装手工珠片绣作品
（指导老师：赵晓曦）

图 5-1-7　北京服装学院服装与服饰设计专业 2017 级姚丝蕊
手绘十二章纹图案作品
（指导老师：赵晓曦）

图 5-1-8　北京服装学院服装与服饰设计专业 2018 级陈卓艺
手绘十二章纹图案作品
（指导老师：赵晓曦）

图 5-1-9　北京服装学院服装与服饰设计专业 2017 级修子宜
手绘十二章纹图案作品
（指导老师：赵晓曦）

图 5-1-10　北京服装学院服装与服饰设计专业 2018 级鄢玉洁
手绘十二章纹图案作品
（指导老师：赵晓曦）

图 5-1-11 北京服装学院服装与服饰设计专业 2017 级冯凯伦
手绘十二章纹图案作品
（指导老师：赵晓曦）

图 5-1-12　北京服装学院服装与服饰设计专业 2019 级秦瀚文
手绘十二章纹图案作品
（指导老师：赵晓曦）

图 5-1-13　北京服装学院服装与服饰设计专业 2017 级蓝津津
手绘十二章纹图案作品
（指导老师：赵晓曦）

图 5-1-14 北京服装学院服装与服饰设计专业 2018 级苏睿琪
手绘十二章纹图案作品
（指导老师：赵晓曦）

图 5-1-15　北京服装学院服装与服饰设计专业 2017 级吴昌睿
手绘十二章纹图案作品
（指导老师：赵晓曦）

图 5-1-16　北京服装学院服装与服饰设计专业 2017 级李理
手绘十二章纹图案作品
（指导老师：赵晓曦）

图 5-1-17　北京服装学院服装与服饰设计专业 2017 级余忻宸
手绘十二章纹图案作品
（指导老师：赵晓曦）

图 5-1-18　北京服装学院服装与服饰设计专业 2018 级姚孟新（中国台湾）
手绘十二章纹图案作品
（指导老师：赵晓曦）

图 5-1-19　北京服装学院服装与服饰设计专业 2019 级杨亚妮
手绘十二章纹图案作品
（指导老师：赵晓曦）

图 5-1-20　北京服装学院服装与服饰设计专业 2019 级杨婉彤
手绘十二章纹图案作品
（指导老师：赵晓曦）

图 5-1-21　北京服装学院服装与服饰设计专业 2019 级廖梦虹
十二章纹服装手工珠片绣作品
（指导老师：赵晓曦）

图 5-1-22　北京服装学院服装与服饰设计专业 2018 级王纯
手绘十二章纹图案作品
（指导老师：赵晓曦）

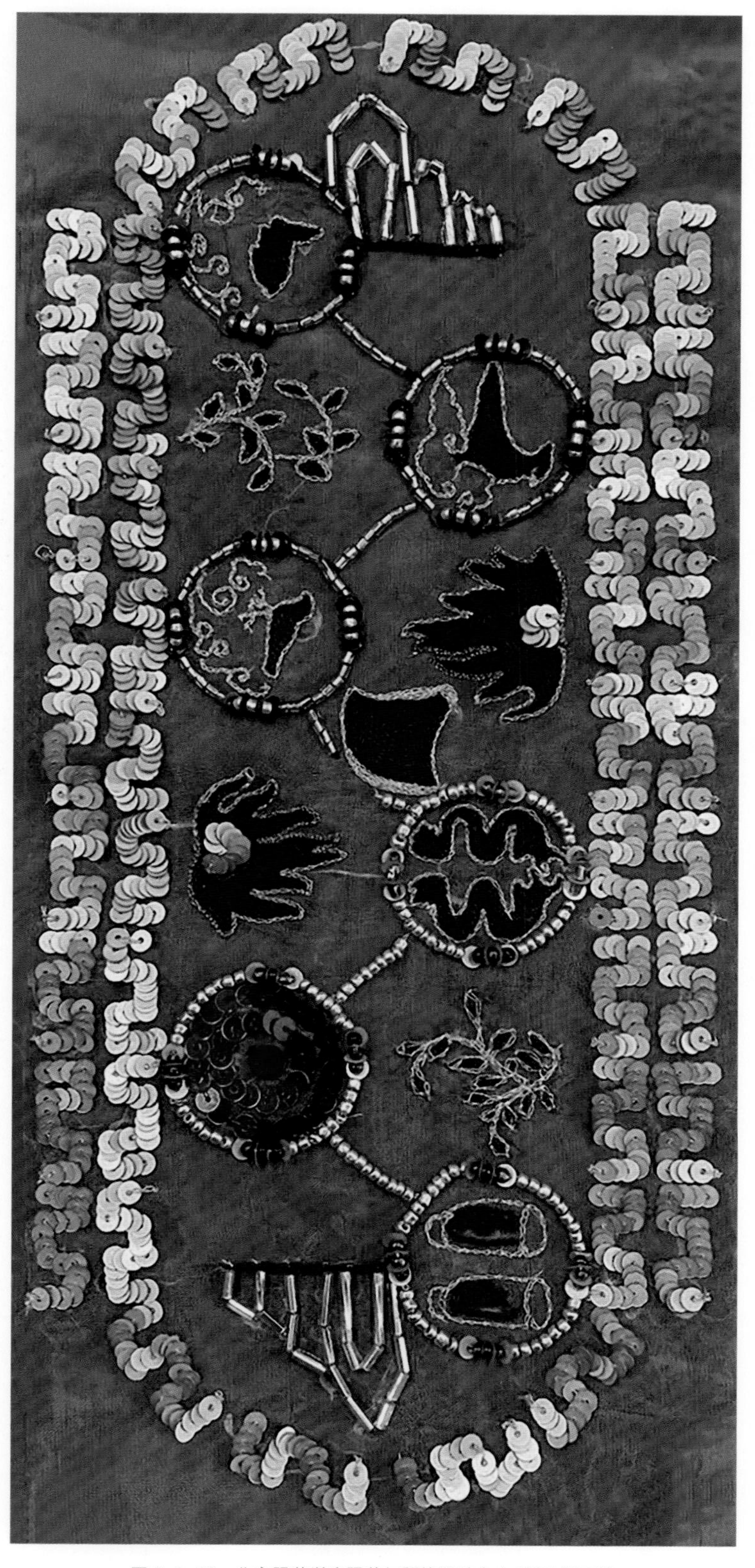

图 5-1-23　北京服装学院服装与服饰设计专业 2019 级王懿
十二章纹服饰手工珠片绣作品
（指导老师：赵晓曦）

图 5-1-24　北京服装学院服装与服饰设计专业 2019 级任冬
十二章纹服饰手工珠片绣作品
（指导老师：赵晓曦）

第二节　明代品服补子纹样的表现特征及服饰图案设计创新

一、表现特征

万历十五年增补后的《大明会典・卷六十一》中再次明确并细化了“品官花样”补服，并详细地绘制了图案样貌。如表5-2-1、表5-2-2所示，飞禽与走兽都有相对应“能指”的符号化表现特征和符号象征的“所指”意义。禽纹以飞鸟作能指，以文采作所指；兽纹以走兽作能指，以勇猛作所指。文官一品仙鹤花样、二品锦鸡花样、三品孔雀花样、四品云雁花样、五品白鹇（xián）花样、六品鹭鸶花样、七品鸂鶒（xī chì）花样、八品黄鹂花样、九品鹌鹑花样、杂职练鹊花样、风宪官獬豸（xiè zhì）花样。公侯驸马伯着麒麟与白泽花样，武官一品、二品狮子花样；三品、四品虎豹花样；五品熊罴（pí）花样；六品、七品彪花样；八品犀牛花样；九品海马花样。

1. 禽纹符号的解析

表5-2-1　禽纹符号的解析

禽纹										
品级	符号		能指							所指
《大明会典》文献图片			头	颈	身形	尾	腿	羽毛	环境纹样	
文官一品		仙鹤	无冠、圆润	细长	修长	尖锐	细长	独立分开、羽翼丰满、翅膀尾尖锐	云	吉祥、长寿、忠贞
文官二品		锦鸡	柳叶冠、尖锐	稍短	修长	笔挺	短	具有层次感、粗细结合	云、牡丹、松树、山石	文、武、勇、仁、信
文官三品		孔雀	有冠	细长	矫健	大、厚重	细长	羽翼丰满、具有层次、尾部有眼状饰纹	云、荷叶、荷花、牡丹、	吉祥、富贵、长寿

（续表）

禽纹										
品级	符号		能指							所指
《大明会典》文献图片			头	颈	身形	尾	腿	羽毛	环境纹样	
文官四品		云雁	无冠、圆润	较短	小巧、敦厚	较小、圆润	短小	层次分明	云、芦苇、丘陵	忠贞仁爱，恭谦有序
文官五品		白鹇	有冠、尖锐	较短	细长	细长	短小	细碎、紧密	云、菊花、竹叶、山石	行止闲雅、吉祥忠诚
文官六品		鹭鸶	有冠、尖锐	细长	修长	短小、圆润	细长	身体羽毛没有层次感、双翼羽毛纹理清晰	云、荷叶、荷花、芦苇、水波	高洁、长寿、幸福
文官七品		鸂鶒	有冠、尖锐	短粗	敦厚	短小、圆润	短小	羽毛层次丰富、纹理感强	云、荷叶、荷花、水波、礁石	忠心、兢兢业业
文官八品		黄鹂	无冠	短粗	小巧、圆润	短小、尖锐	短小	身体羽毛没有层次感、双翼羽毛肌理明显	云、柳树、群山	守土有责、民生为重、生机、守信

（续表）

禽纹										
品级	符号		能指							所指
	《大明会典》文献图片		头	颈	身形	尾	腿	羽毛	环境纹样	
文官九品		鹌鹑	无冠	短粗	小巧、圆润	短小	短小	细密、没有层次感	云、菊花、杂草、山石	安居乐业、国泰民安
杂职		练鹊	有冠、尖锐	短粗	小巧、敦厚	粗壮	短小	细密、没有层次感	云、山石、树枝、花朵	福寿双全

文官补服禽鸟图案多以成双成对的形式出现，并且禽鸟都为双腿行走。

文官一品为仙鹤花样，仙鹤没有头冠且头部圆润，颈部和腿部细长，羽毛独立分开，羽翼丰满且纹理分明，翅膀尾端尖锐，身形修长，与云纹合用。自古仙鹤就有长寿的寓意，常有“鹤寿千年”“仙鹤”，一品仙鹤补也被所指为吉祥、长寿、忠贞之意。

文官二品为锦鸡花样，锦鸡头部有柳叶冠，颈部稍短，尾部羽毛笔挺，且羽毛粗细结合、具有层次感，身形修长，与云、牡丹、松树、山石纹合用，所指为文、武、勇、仁、信的道德品质。

文官三品为孔雀花样，孔雀头部有冠，颈部细长，尾部羽毛有眼状饰纹，羽毛层次重叠繁复，身形矫健，与云、荷叶、荷花、牡丹、山石纹合用，孔雀炫彩美丽被誉为“百鸟之王”，象征吉祥、富贵、长寿。

文官四品为云雁花样，云雁即为高空飞行的大雁，无头冠且头部圆润，颈部较短，尾部短小，羽毛层次分明，身形较小、圆润，与云、芦苇、丘陵纹合用，大雁专情合群，被冠以忠贞仁爱之意，另外大雁南迁会形成“雁阵”，被古人喻以恭谦有序。

文官五品为白鹇，白鹇头部有冠且尖锐，颈部较短，尾部细长，腿短小，羽毛细碎且紧密，身形细长，与云、菊花、竹叶、山石纹合用，白鹇啼声喑哑、行止闲雅被赋予吉祥忠诚的寓意。

文官六品为鹭鸶花样，鹭鸶是文官补服纹样记载中唯一出现三只情景样貌，头部有冠且尖锐，颈与腿细长，尾部短小圆润，身体羽毛没有层次感，但双翼羽毛纹理清晰，身形修长，与云、荷叶、荷花、芦苇、水波纹合用，鹭鸶天生丽质，品性高洁，也被认为是长寿、幸福的代表。

文官七品为鸂鶒花样，鸂鶒头部有冠且尖锐，颈部短粗，尾部短小圆润，腿部短小，羽毛层次丰富纹理感强，身体敦厚，与云、荷叶、荷花、水波、礁石纹合用，鸂鶒又称为紫色鸳鸯，有着忠心、兢兢业业的文化寓意。

文官八品为黄鹂花样，黄鹂头部无冠，颈部短粗，尾部短小尖锐，腿部短小，身体羽毛没有层次感，但双翼羽毛具有纹理感，身形小巧圆润，与云、柳树、群山纹合用，黄鹂自古就认为是春天的代表，唐代诗人杜甫在《白丝行》中写道“春天衣着为君舞，蛱蝶飞来黄鹂语”用以表示黄鹂有携万物生长之意，所指八品官员应守土有责、民生为重，同春天一样具有生机。据《诗经》所云：“嘤其鸣矣，求其友声”。故用黄莺表示朋友之道，为官应也应恪守信用。

文官九品为鹌鹑花样，鹌鹑头部无冠，颈部短粗，尾与腿部短小，羽毛细密，没有层次感，身形小巧圆润，与云、菊花、杂草、山石纹合用，鹌鹑有着安居乐业、国泰民安的寓意。

杂职为练鹊花样，练鹊头部有冠且尖锐，颈部短粗，尾部粗壮，腿部短小，整体小巧敦厚，身体羽毛细密，没有层次感，与云、山石、树枝、花朵纹合用，练鹊又称为绶带鸟，以“绶”代“寿”，寓意吉祥，表示福寿双全。

2. 兽纹符号的解析

表5-2-2 兽纹符号的解析

兽纹										
品级	符号		能指							所指
《大明会典》文献图片			头	身形	尾	蹄/爪/掌	鳞片、毛发	周身纹样	环境纹样	
公侯驸马伯		麒麟	双角	鹿形	狮尾	马蹄	有鳞片	背部锯齿状、火纹	杂宝云纹、松树纹、山、海纹	威严、仁义、避祸祈福
		白泽	双角	鹿形	狮尾	狮掌	有鳞片	背部锯齿状、火纹	杂宝云纹、松树、山、海	

（续表）

兽纹										
品级	符号		能指							所指
	《大明会典》文献图片		头	身形	尾	蹄/爪/掌	鳞片、毛发	周身纹样	环境纹样	
武官一品、二品		狮子	方正	敦厚	狮尾	狮掌	头部毛发卷曲、没有鳞片	背部锯齿状、火纹	云纹、四合云纹、松树、山、海	威严公正
武官三品、四品		虎、豹	圆润	圆滑	细长	虎掌	毛发短细	大虎：全身饰有条状老虎纹；小豹：椭圆弧形豹纹	云纹、四合云纹、松树、山、杂草	威猛无敌、果断正直
武官五品		熊罴	尖嘴	小巧、似狐狸	细长且厚实	脚掌小	毛发细密	—	成对出现，四合云纹、宽叶树、山、杂草	骁勇
武官六品、七品		彪	与狮子、虎豹相似，面部没有装饰、	矫健	细长	豹掌	头颈细长毛发、身体细密毛发	—	四合云纹、枯树、山、杂草	文武兼备
武官八品		犀牛	尖嘴鹿头、头部两角直立	鹿身	细长	鹿蹄	毛发短细	火纹	成对出现，四合云纹、竹子、芭蕉叶、杂草	敏捷、矫健
武官九品		海马	马头	马身、强壮	马尾	马蹄	光滑细密	颈后双翅膀、火纹	成对出现，四合云纹、海浪	灵敏、奇异

（续表）

兽纹										
品级	符号		能指							所指
《大明会典》文献图片			头	身形	尾	蹄/爪/掌	鳞片、毛发	周身纹样	环境纹样	
风宪官		獬豸	单角	鹿身	狮尾	三指蹄	四肢局部鳞片	颈部火纹	垂直云纹、四合云纹、杂宝纹、松树、山、海浪	能辨是非，公正廉洁

禽纹的补子图案都是还原的真色动物样貌，但兽纹的补子图案则是取自真实存在的动物特征进行的神话性符号表达。

公侯驸马伯所着的麒麟与白泽花样均为兽态动物纹样。明代麒麟纹除用于官员补服外，也用于赐服之中，补服麒麟纹是官员品级的象征，赐服麒麟纹是非官员常服的等级象征，符号标识的等级地位不能相互比拟。麒麟与白泽的样貌姿态是极其相似的，都是双角、鹿形、狮尾、身上有鳞片、背部齿状、周身伴有火纹，其最大的区别特征在于，麒麟为马蹄，白泽为狮掌，两者在明代皆作为公侯驸马伯所着补子，寓以威严、仁义、避祸祈福之意。

武官一品、二品为狮子花样，狮子头部方正且毛发卷曲成卷状，脚掌与尾部与狮子相同，身体背部为齿状，身上没有鳞片，形态敦厚，周身伴有火纹，以喻威严公正。

武官三品、四品为虎、豹花样，图中大兽为虎、小兽为豹，两者头部圆润，尾部与脚掌同虎豹一致，身体毛发均为短细、尾部细长、形态圆滑，但大虎从头至尾伴有短弧条带虎纹、小豹子则是椭圆弧形豹纹，以喻威猛无敌、豪爽耿直。

武官五品为熊罴花样，熊罴尖嘴，身形小巧似狐狸，成对出现，以喻勇士骁勇。

武官六品、七品为彪花样，彪头部与狮子、虎豹都有相似之处，但面部没有任何装饰，颈部毛发细长向上，身体毛发细密、没有任何装饰纹样，身形矫健，以喻文武兼备。

武官八品为犀牛花样，犀牛头部有直立两角、尖嘴，身体似鹿，身形纤细，尾巴细长，成双出现，以喻敏捷、矫健。

武官九品为海马花样，海马身形样貌均与马相似，但后脖颈位置有两翅，伴有火纹，成双出现，以喻灵敏、奇异。

风宪官为獬豸花样，獬豸与麒麟、白泽相似，除鹿身、狮尾、周身有火纹外，犄角只有一只，蹄子为三指，四肢局部有鳞片，比喻能辨是非，公正廉洁。

二、创新设计

明代补服纹样是一种分散式方形适合纹样的构成形式，在当代服装中的传承与创新设计时，要基于其适合纹样的基本特征进行设计。明代的补服动物纹样，随龙纹纹样的发展也在不断变化成长，其灵动的姿态和面部神情都是汉文化图案鼎盛的标志。在当代的传承设计中，一种是传承明代补服纹样的灵动性和环境纹样当中的次要元素，如图5-2-1～图5-2-10所示，营造出明代补服纹样的风格特征；另一种是借用或化用明代补服纹样元素，创造符合当代审美意象和造型，融入当代人的审美特征与艺术情操，营造出“源于明代，韵为当代”的服饰图案艺术作品，如图5-2-11～图5-2-16所示。

图5-2-1　北京服装学院服装与服饰设计专业2018级汤丹妮作品
（指导老师：赵晓曦）

图 5-2-2　北京服装学院服装与服饰设计专业 2018 级黄安楠作品
（指导老师：赵晓曦）

图 5-2-3　北京服装学院服装与服饰设计专业 2018 级谢雨洋作品
（指导老师：赵晓曦）

图 5-2-4　北京服装学院服装与服饰设计专业 2018 级李鸿翔作品
（指导老师：赵晓曦）

图 5-2-5　北京服装学院服装与服饰设计专业 2017 级万若雨作品
（指导老师：赵晓曦）

图 5-2-6　北京服装学院服装与服饰设计专业 2018 级黄灿作品
（指导老师：赵晓曦）

图 5-2-7　北京服装学院服装与服饰设计专业 2018 级王惠玲作品
（指导老师：赵晓曦）

图 5-2-8　北京服装学院服装与服饰设计专业 2018 级程滢作品
（指导老师：赵晓曦）

图 5-2-9　北京服装学院服装与服饰设计专业 2018 级于开颜作品
（指导老师：赵晓曦）

图 5-2-10　北京服装学院服装与服饰设计专业 2018 级柯文慧作品
（指导老师：赵晓曦）

图 5-2-11　北京服装学院服装与服饰设计专业 2018 级熊心越作品
（指导老师：赵晓曦）

图 5-2-12　北京服装学院服装与服饰设计专业 2018 级韦金雨作品
（指导老师：赵晓曦）

图 5-2-13　北京服装学院服装与服饰设计专业 2018 级姚孟新（中国台湾）作品
（指导老师：赵晓曦）

图 5-2-14　北京服装学院服装与服饰设计专业 2018 级朱盼盼作品
（指导老师：赵晓曦）

图 5-2-15　北京服装学院服装与服饰设计专业 2018 级陈文炳作品
（指导老师：赵晓曦）

图 5-2-16　北京服装学院服装与服饰设计专业 2018 级陈卓艺作品
（指导老师：赵晓曦）

第三节　明代赐服纹样的表现特征及服饰图案设计创新

一、表现特征

如表 5-3-1 所示，明代每个赐服纹样符号所对应的“能指”特征都与龙相近，这说明了赐服纹样的等级之高，符号象征的“所指”意义也与龙纹的威严气息相吻合，但根据纹样的不同意义也有区分。

表 5-3-1　明代赐服纹样符号的解析

符号	能指				所指
	四肢	头部	尾部	躯干	
蟒	四爪	似龙	似龙	似龙	威严、位高权重、荣华富贵
飞鱼	两足四爪（初期）/四足四爪（中后期）	似龙	鱼尾	似龙、有鱼鳍	威严、富贵、壮志、用兵必胜
斗牛	四爪	角弯	鱼尾	似龙	威严、除祸灭灾、吉祥
麒麟	马蹄	似龙	狮尾	鹿形	威严、仁义、避祸祈福

蟒纹与龙纹相像，除集与龙纹相一致的鹿角、牛头、虾眼、驴嘴、蛇腹、鱼鳞、凤足、人

须、象耳等于一身外，其凤足的爪数与龙纹不相一致，即龙纹为五爪，蟒纹为四爪。在明代沈德符撰写的《万历野获编·补遗卷二》中也对这一区别进行了描述："蟒衣为象龙之服，与至尊所御袍相肖，但减一爪耳。"这也成了分辨蟒纹最重要的特征。蟒服多赐予获得极大荣宠的人臣，因而获得蟒服则意味着威严、位高权重、荣华富贵。

在孔府旧藏中存有较多明代蟒服织品的文物，如图5-3-1、图5-3-2所示，藏于孔府博物馆的两件明代织纱蟒服，都为柿蒂形过肩行蟒，呈升龙姿态，腰襕上也有7或8个行蟒装饰，灵活多变。其实，蟒纹是随着龙纹的发展不断变化的，明代初期的龙纹继承了宋元时期的造型风格，以侧身龙为主，龙嘴紧闭，鬃毛上扬，身体修长，具有威严肃穆的感觉。明代中叶之后，龙纹的嘴部开始张开，表情姿态开始丰富，头部较明初比例增大，身体保持了瘦长的姿态，其塑造的龙形个性更加张扬多变。这种风格特征也被映衬到了蟒纹身上，形成了除爪子数量外，与龙纹特征相一致的风格。

图5-3-1　明万历蓝地妆花纱蟒衣（孔府博物馆藏）

图5-3-2　明墨绿纱织暗花妆花蟒衣（孔府博物馆藏）

蟒纹的颜色除现存织品文物常见的红、金色外，还可在孔子世袭后裔衍圣公历代画像中寻找到其他色彩的踪迹。如图5-3-3~图5-3-6所示，明朝两代衍圣公穿着的蟒服画像中可见蓝色蟒纹，其夫人着金色云蟒赐服。蟒纹多与海水江崖纹、云纹、如意纹、火纹等搭配组合使用。

图5-3-3　六十四代衍圣公孔尚贤画像轴
（孔子博物馆藏）

图5-3-4　六十四代衍圣公孔尚贤夫人张氏画像
（孔子博物馆藏）

图5-3-5　六十五代衍圣公孔胤椿衣冠像

图5-3-6　六十五代衍圣公陶夫人衣冠像

在《名义考·卷十》和《山海经·西山经》神话传说中，飞鱼被解释和描绘为鳐鱼，后经不断变化，其形象造型被神化，变成龙头、蟒身、鱼鳍、鱼尾，常配有海水江崖纹的造型。明代初期飞鱼纹样以两足四爪为主，如图5-3-7所示金执壶上所雕刻的飞鱼纹样。明代中后期服饰纹样僭越不断，出现了四足四爪、腹部鳍消失的飞鱼造型，形态更加贴近蟒纹且易与蟒纹混淆，因而也出现嘉靖十六年兵部尚书张瓒之事，但仍保留了鱼尾造型，如图5-3-8、图5-3-9所示，飞鱼服右袖襕尾形呈弯曲鱼尾状。飞鱼纹多以赤、蓝色表现，与海水纹、云纹、四季花纹等联用，画面丰富，造型繁丽。飞鱼纹的造型是"鱼""龙"的结合，鱼自古就有"鱼跃龙门"的壮志威严之意；《史记·周本纪》记载武王伐纣用鱼祭天祈祷必胜，明代飞鱼纹多用于兵家之身，也有喻以"用兵必胜"之含义。

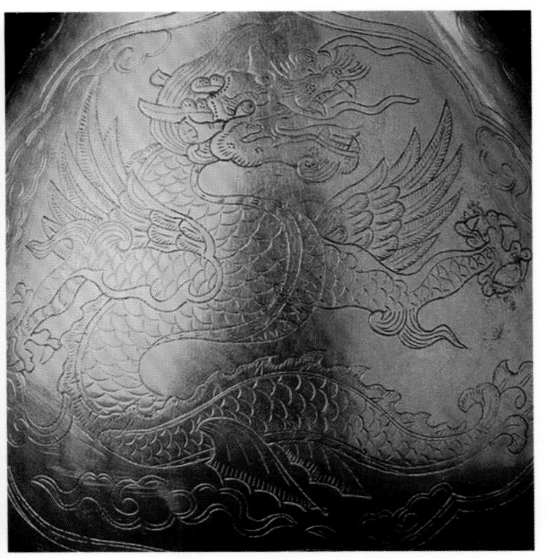

局部飞鱼纹

图5-3-7　北京万通墓出土的明代成化年间嵌宝石飞鱼纹金执壶（首都博物馆藏）

图5-3-8　明代孔府旧藏香色麻飞鱼贴里（山东博物馆藏）

图 5-3-9　明代孔府旧藏大红色飞鱼纹妆花纱女长衫（山东博物馆藏）

明代初期，斗牛形态正如明代万历《三才图会》中描绘的造型一样："斗牛，龙类，甲似龙但其角弯。"它与龙纹一样是威严的象征。如图5-3-10、图5-3-11所示，斗牛纹弯曲的犄角造型非常突出，还延续了飞鱼纹卷曲鱼尾的造型特点，与其他三种赐服纹样差异明显。清代吴长元撰写的地理著作《宸垣识略》记载了斗牛的传说，把斗牛形容为一种兴云作雨、镇火防灾、除祸灭灾的吉祥物，这也解释了为什么斗牛纹具有鱼尾的特征。从现存的文物资料看，斗牛纹多以胸前补子形式出现，其色彩也以蓝、金色为主，多搭配有群山纹、云纹等。

图 5-3-10　歧阳世家文物衣冠容像（国家博物馆）

麒麟最早记载于《诗经・周南・麟之趾》，诗中多用象征手法，以麒麟喻人，寓意子孙兴旺、延绵不断、品德高尚如同麒麟。[1]春秋时期，传说孔子的母亲在身怀孔子时，因遇麒麟而生孔子，因而又有"麒麟送子"之说。自唐代开始，麒麟形象经历了多次变化，在样式上从南

[1] 赵晓曦. 明代麒麟纹在当代中式婚礼服中的应用研究[J]. 流行色,2020(1):88-89.

图 5-3-11　明代斗牛补青罗袍（藏于山东博物馆）

朝猛兽式的狮虎类麒麟过渡到唐代温顺飘逸的鹿马类麒麟、宋代灵动威武的狮虎类无翼麒麟以及元代活泼奇异的类龙形麒麟。[1] 明代麒麟造型集历代之大成，显得华美而灵动、威严而敦厚。在品官麒麟纹与赐服麒麟纹中，麒麟纹并非表达“麒麟送子”，而是借孔子出生的情境冠以儒家“仁”的寓意，因此明代麒麟纹有“仁义”之寓意。同品官麒麟补子纹样一样，虽然所属的服饰属性不相同，但都寓以威严、仁义、避祸祈福之意。

赐服麒麟纹具有鹿形、马蹄、狮尾等特征，如图5-3-12所示的明代孔府旧藏大红色四兽朝麒

图 5-3-12　明代孔府旧藏大红色四兽朝麒麟纹妆花纱女袍
（山东博物馆藏）

[1] 许秀娟.麒麟文化的变迁与中外文化交流发展的关系[D].广州：暨南大学,2003.

麟纹妆花纱女袍上的麒麟纹。该袍上的麒麟与豹、虎、獬豸三兽合用，辅以花卉、祥云、海水江崖等纹饰。麒麟颜色也与其他三大赐服纹样颜色相似，仍以金、蓝色作为主要色彩绣织而成。

二、创新设计

在当代赐服服饰图案的传承创新设计中，也应当遵循明代“四大兽形”基础的样貌特征进行塑造，尤其是主视觉符号上，应以“四爪龙身（蟒）、鱼尾腹鳍（飞鱼）、犄角弯曲（斗牛）、鹿身马蹄狮尾（麒麟）”为主要特征，并辅以明代赐服纹样特有的次要符号元素，丰富整体画面感与象征性。明代赐服上的纹样组织形式，无论是主视觉柿蒂形态范围内的过肩纹样、还是袖襕、膝襕的纹样，均为适合纹样的形式，在当代服装图案的设计中既可传承该风格形式，又可根据当代服装市场的需求进行创新设计。

如图5-3-13、图5-3-14所示，便是以明代柿蒂过肩形态的赐服纹样为灵感，以法式珠片绣工艺形式为承载的赐服四大兽形纹样的当代云肩设计作品。该

图 5-3-13　北京服装学院服装与服饰设计专业 2019 级杜雨桐作品（指导老师：赵晓曦）

图 5-3-14　北京服装学院服装与服饰设计专业 2019 级杜雨桐作品（指导老师：赵晓曦）

设计作品以天圆地方的铜钱造型为轮廓基础，四大赐服纹样顺时针中心对称分布，四者间有故事情景关联性，以云纹海水纹辅以映衬，并使用错位的设计手法，营造出与背景层叠交错的位置关系，且构图饱满。珠片工艺的使用，使四大赐服纹样肌理效果被塑造得非常立体，并与平针刺绣和滚珠绣的平面工艺形态形成对比与碰撞，色彩绚丽丰富。同时，在蟒纹与飞鱼纹相接位置设计了开口门襟，考虑到了服装图案在服装应用时的穿着结构与适配性。

如图5-3-15~图5-3-17所示的设计作品，便是以明代赐服纹样的神态造型特点为基础，利用当代的图案组织形式，塑造出菱形、扇形、圆形的赐服四大神兽适合纹样。图案造型古朴、将明代四大赐服神兽元素的神态与躯体样貌表现得活灵活现。

图5-3-15　北京服装学院服装与服饰设计专业2019级向荷作品
（指导老师：赵晓曦）

图 5-3-16　北京服装学院服装与服饰设计专业 2019 级魏煜媛作品
（指导老师：赵晓曦）

图 5-3-17　北京服装学院服装与服饰设计专业 2019 级朱凤霖作品
（指导老师：赵晓曦）

图5-3-18所示的设计作品，便是借明代赐服四大兽纹的风格特征，塑造的符合当代审美情趣的单独纹样设计。明代赐服四大兽纹虽然造型灵活，但由于其兽态凶猛，在明代赐服中的使用时，图案大面积出现，会造成威严的视觉感受。[1]在当代的服装设计时不应大面积突出其凶猛姿态，而应将其神态特征弱化，以符合当代人的审美追求。该设计作品中的赐服纹样相比于传统四大赐服纹样更加拟人化，神态柔和亲切，身体圆润，符合当代人们的审美情趣，且在一定程度上保留了明代四大赐服的传统属性，造型简约大方。

[1] 赵晓曦.明代麒麟纹在当代中式婚礼服中的应用研究[J].流行色.2020(1):88-89.

图 5-3-18　北京服装学院服装与服饰设计专业 2019 级朱咏祺作品
（指导老师：赵晓曦）

明 · 中秋玉兔纹 设计：赵晓曦

第六章

明代节气之景的构成与设计表达

明代节气之景纹样是出现在明代补服中的图案元素，补子在明代本是用于区分社会阶级地位的服饰制度，这种符号化象征被带入宫闱内与节令应景元素结合，因此出现了对应节令的自然节气之景的补子。宫闱内自然节气之景的产生是明代晚期封建社会民俗文化的缩影，反映了明末传统民俗人文节令活动对宫闱节令符号化的影响。

在明代中后期之前，并未系统完整地出现过自然节气之景服饰图案对应节令活动的现象，因而论起自然节令的应景服饰纹样，必然要探讨明代沿袭的岁时节日活动内容，才能明白其服饰“应景”物象符号的内涵。根据第二章第二节对节气之景产生的溯源，不难发现，明代节气之景的应景纹样的图案设置源于节令人文活动。如表6-1所示，是受传统节令人文活动内容影响而产生的明代节气之景服饰图案的主要纹样的符号论语义学解读。

表6-1　节气纹样符号的解析

自然节令	符号	能指	所指
正旦/元旦	葫芦纹	葫芦	除恶的习俗活动
元宵	灯笼纹	大型灯笼	元宵节观灯习俗活动
清明	秋千纹	仕女荡秋千	清明时节妇女荡秋千习俗活动
端午	五毒艾虎纹	蛇、蝎、蜈蚣、壁虎、蟾蜍、老虎和艾叶	端午节戴五色丝、艾叶、五毒灵符避毒习俗活动
七夕	鹊桥纹	牛郎织女、桥梁、喜鹊	鹊桥相会传说及乞巧节习俗活动
中秋	玉兔纹	玉兔、桂花树、仙女	嫦娥玉兔传说及中秋节习俗活动
重阳	菊花纹	菊花	重阳赏菊、饮菊花酒习俗活动
冬至	阳生纹	太子骑羊、口吐瑞气的山羊	羊与“阳”谐音

第一节　明代正旦葫芦纹的表现特征及服饰图案设计创新

一、表现特征

葫芦纹，在明代主要用于正旦节（春节的别称）时。农历正月初一，明初又称为元旦，即一年之始。在唐代之前，节时活动具有浓厚封建韵味，先民用诸如燃放爆竹等行为活动来辟除山臊恶鬼，到了唐代，人们用人文礼仪、社交性的节日活动来象征“避恶鬼”，明代沿袭这一避除恶鬼的习俗并以葫芦图案作为象征。

在明代，葫芦纹的一种表现是通过叙述故事来表现葫芦除恶的符号化寓意，图6-1-1为明代京绣之撒线绣的包佛经的封皮，绣品图案以葫芦形作为适合纹样的轮廓，内有山岗、松树及身着蓝色公服和黑色朝靴的武松用尽全身力气作打虎状。武松右手高持棍棒，怒目圆睁，脚下所踩形象并非虎态，其狰狞的面目与手足似恶鬼，这是一种类比的装饰手法，是将钟馗打鬼的神话情节以武松的形态表达出来。在元代凌云翰的《钟馗画》中提及钟馗“袍蓝带角形甚傀，乌帽裹头靴露指”，这与绣品中武松的服饰样貌相似，也印证了其故事叙述的人物类比与寓意关系，喻以葫芦具有除恶的象征性。在许多后世的神话故事创作中，葫芦作为法器被赋予了邪妖伏魔、驱邪避灾的能力，与人们穿“葫芦”以“求吉避恶”的心理机制或相吻合。

葫芦与“福禄”谐音，在辞旧迎新之际祈岁纳福，表现了古人的时间观念和朴素的价值追求，是中国传统文化中的重要构成要素之一。同时因“葫芦多籽”，葫芦也成为多子的象征，具有了绵延子嗣、多子多福、子孙兴旺等含义。因此出现了另一种葫芦纹的表达形式，即结合了汉字字形图案的造型。如图6-1-2~图6-1-6所示的瓷器和裱封织锦中的葫芦纹，结合了汉字“寿”“万寿”“平安”“大吉”“祥”的字样，形成了“以字代图，以字代意，以字喻吉”的风格特征。

图6-1-1　洒线绣武松打虎经皮面（故宫博物院藏）

二、创新设计

葫芦最大的特征是外形饱满圆润、通体光滑，明代正旦葫芦纹的使用也是借用葫芦外轮廓作为适合纹样进行图案设计。适合纹样的葫芦内饰反映不同情景内容的图形图案或文字图案，部分图案设计显得凶神恶煞，如图6-1-1所示的鬼怪图案，整体所指仍遵循了“以图会意、意必吉祥”的特征，宝石葫芦能够吸恶避鬼。在当代正旦葫芦纹的创作中，也可借用此形式作为象征性的符号进行设计。如图6-1-8与图6-1-9所示的正旦葫芦纹设计，将正旦葫芦纹与元宵灯景纹进行融合创新，表达了葫芦吸恶避鬼的寓意，而适合纹样葫芦内的牡丹图和祥云图案，凸显了葫芦的正气。结合明代尚赤的特点，整体色调以红色为主色调，饰以五爪金龙，图案元素有主有次，次要元素有玉兔、日月、祥云、飘带、万字纹等，结合灯景的造型特征将画面营造得对称饱满。另一种是使用类比的手法，同图6-1-1的明代表现气息相似，图6-1-9的设计创作借明代袁尚统所绘《钟进士像》轴（图6-1-7）中的赤身小鬼人物纳于葫芦内，葫芦内炙烤的红色炼狱与葫芦外翻腾的蓝色海水形成强烈的冷暖反差、视觉冲击力强。此外，文字图案元素的设计也遵循了适合纹样这一组织形式，如图6-1-10、图6-1-11所示的设计作品，便是将表吉祥的汉字图案元素与吉祥图案元素组织构成的葫芦形适合纹样，主视觉坐落于文字之上，与小巧多样的吉祥元素形成了视觉反差，这种错落有序的感觉将葫芦廓型变得更为充盈。

图6-1-2 明代葫芦药瓶瓷器（上海中医药大学校史陈列馆藏）

图6-1-3 明代大藏经丝绸裱封灰绿地万寿平安葫芦灯笼潞绸（北京艺术博物馆藏）

图6-1-4 明代大藏经丝绸裱封红地平安大吉葫芦潞绸（北京艺术博物馆藏）

图6-1-5 明代大藏经丝绸裱封大红地万事大吉葫芦加金妆花缎（北京艺术博物馆藏）

图6-1-6 明代大藏经丝绸裱封大红地吉祥事事如意葫芦纹两色缎（北京艺术博物馆藏）

图6-1-7 明代袁尚统所绘《钟进士像》轴（藏于广东博物馆）

图 6-1-8　北京服装学院服装与服饰设计专业
2020 级王欣诺作品
（指导老师：赵晓曦）

图 6-1-9　北京服装学院服装与服饰设计专业
2021 级王冰灵作品
（指导老师：赵晓曦）

图 6-1-10　北京服装学院服装与服饰设计专业
2020 级程紫悦作品
（指导老师：赵晓曦）

图 6-1-11　北京服装学院服装与服饰设计专业
2020 级李雨桐作品
（指导老师：赵晓曦）

第二节　明代元宵灯景纹的表现特征及服饰图案设计创新

一、表现特征

灯景纹，亦作灯笼纹，在明代主要用于元宵时节，农历正月十五，明代又谓之上元。

在汉武帝时期，祭祀天神泰一，有“以昏时夜祠，到明而终”的祭祀习惯。到了唐代，有烧灯望月的习俗，根据《荆楚岁时记》中的记载，“正月夜晚多鬼，火照井厕中，则百鬼走。”到明代，初十到十六点灯的习俗活动则寓以除恶祈福。明永乐七年，宫廷下诏“元宵节自十一日始，赐节假十日”，这是历代最长的灯节，成为一种大众化、群众性的节日，[1]这一天“家家走桥，人人看灯”，宫廷民间官民同乐，带有全民狂欢性质。明朝以南京为都时，每逢元宵节，南京秦淮河上燃放水灯万支。明朝永乐年间，在北京午门立鳌山灯柱，在东华门外开辟专区，允许人们制作灯笼相互贸易，称为灯市，今北京灯市口，就是当时出售灯笼的所在。[2]在《明宪宗元宵行乐图》中也可以看到当时元宵时节的繁华景象。图6-2-1、图6-2-2所示的花灯造型繁杂多样，在明后期这种物象造型也反映在服装中，即以灯景纹的补子形式出现。

图6-2-1　《明宪宗元宵行乐图》局部（中国国家博物馆藏）

图6-2-2　《明宪宗元宵行乐图》局部（中国国家博物馆藏）

[1] 贾玺增，崔闯．明清纺织服饰灯笼纹[J]．服装学报，2020，5(1):66-77．

[2] 陈娟娟．宫灯和灯笼锦[J]．紫禁城，1981(1):40-41．

图6-2-3、图6-2-4所示的是明代宫闱内的灯景补子，灯景补子元素的使用多结合环境元素进行情景化表达，除灯笼元素外配有丰富的次要元素图案，如黑、红色升龙，云纹、海水江崖纹、四季花纹等，与主要元素灯笼形成了完整的故事情景。值得注意的是，传统图案主要元素一般为视觉的主体，但明代灯景的图案塑造却出现了次要元素也作为主体元素进行表达的特性。

图6-2-3　明万历刺绣双龙纹灯笼纹圆补（私人收藏）

图6-2-4　明刺绣龙纹灯景圆补（纳尔逊阿特金斯艺术博物馆藏）

在现存考古实物中，灯笼纹首见于辽代夹缬。[1]以明代灯景纹样为主体的宫灯造型，主要有以下三个特征：一是整体造型奢华绚丽，如图6-2-5所示，以花卉、祥云、流苏、绶带、仙桃、钱币等物进行装饰，多种颜色搭配，饱和度较高，形成浓烈明快的风格特点，与元宵节欢乐、热闹的节日气氛相呼应。二是整体造型立体多面，如图6-2-6、图6-2-7所示，灯笼图案造型与图6-2-2场景中的鳌山灯相似，将灯笼纹正面分为八角九个块面，点缀点状或网状等简单图形，与真实热闹的市井节日文化相契合。三是在纹样中使用文字来表达人们的祝愿，如图6-2-8所示，在绶带、灯球上书写“国泰民安”“风调雨顺”“福”“禄”“寿”“喜”等字样，展现了个人、国家的一种价值追求。

图6-2-5　明五彩药罐（北京御生堂中医药博物馆藏）

[1] 赵丰.织绣珍品——图说中国丝绸艺术史[M].香港：艺纱堂.服饰出版,1999:244.

图 6-2-6　明代大藏经丝绸裱封绿茶地八角灯笼纹潞绸（北京艺术博物馆藏）

图 6-2-7　明代大藏经丝绸裱封墨绿地灯笼纹两色绸（北京艺术博物馆藏）

图 6-2-8　明代大藏经丝绸裱封蓝地葫芦灯笼纹双层锦（北京艺术博物馆藏）

二、创新设计

在当代的设计表达中可借鉴明代灯景纹的表现特征进行塑造，如图6-2-9与图6-2-10所示的设计作品，除灯笼元素外，人、禽鸟等其他次要元素也设计细致突出，与灯笼形成了完整的故事情境，故事表达更具叙事性。

传统灯景纹在单独塑造时，容易形成画面的单调感，因此当对单独细碎的灯景元素进行创新设计时，可以借鉴图6-2-6、图6-2-7所示的明代灯景纹的设计方式，在图案的组织形式上进行构架，如图6-2-11所示的明代灯景纹的设计作品，采用平面四方连续的构成形式，呈现出满印图案肌理的效果，这表明图案在服装造型中的肌理感、细节性都将对服装的造型起到加强作用。

为解决单独灯景纹元素使用单调感的问题，在灯笼的设计塑造上，还可以融合当代的设计语言，使用多种明代灯笼元素，结合当代波普艺术与欧普艺术造型语言，对灯笼进行设计重塑，如图6-2-12所示的设计作品，服装中的图案造型夸张，具有当代国潮的语言特征。

图 6-2-9　北京服装学院服装与服饰设计专业
2020 级李诺作品
（指导老师：赵晓曦）

图 6-2-10　北京服装学院服装与服饰设计专业
2020 级丁方琪作品
（指导老师：赵晓曦）

图 6-2-11　北京服装学院服装与服饰设计专业
2020 级徐璋作品
（指导老师：赵晓曦）

图 6-2-12　北京服装学院服装与服饰设计专业
2020 级袁泳琪作品
（指导老师：赵晓曦）

第三节　明代清明秋千纹的表现特征及服饰图案设计创新

一、表现特征

据隋《古今艺术图》载："秋千，本北方山戎之戏，以习轻趫者。后中国女子学之，乃以彩绳悬木立架，士女炫服坐立其上推引之，名曰秋千。"[1]也有学者认为"秋千"原称"千秋"，有祝寿之意。唐人高无际在《汉武帝后庭秋千赋》中提到："秋千者，千秋也。汉武帝祈千秋之寿，故后宫多秋千之乐。"[2]宋代高承编撰的《事物纪原》的记载，秋千是北方少数民族发明的，最早是用于军事训练，齐桓公时期传入中原，魏晋南北朝时期是一种寒食节的游戏。到了明代精简合并成多日为节，成为清明节时的一种人文活动，如图6-3-1、图6-3-2所绘的明代清明时节女子荡秋千的场景，表明秋千已在宫廷和民间成为一项非常广泛的娱乐和运动项目。《酌中志》中也记载："清明则秋千节也，戴柳枝于发，坤宁宫及后各宫皆安秋千一座。凡各宫之沟渠，俱此

图6-3-1　明代仇英所绘《四季仕女图》之春季卷（日本大和文华馆藏）

图6-3-2　明代中后期《南中繁盛图》局部（中国国家博物馆藏）

[1] 陈洛嵩，陈福刁．秋千考[J]．体育文化导刊，2014(4):152-155.

[2] 陈丽珠．民族体育文化概论[M]．北京：中央民族大学出版社，2015.

时疏浚之，竹篾排棚、大木桶、天沟水管，俱此时油捻之。”这反映了秋千作为一项民俗活动，其发生时间多在清明时节，参与主体多为年轻女性，是一项集体性、互动性、娱乐性比较强的活动。结合季节氛围和节气特点，秋千活动除上文所提，是古代女子日常交往、建立人际关系的一种桥梁和纽带外，人们可能还认为其有放松精神、增强体质、治疗疾病之功效，这使得秋千活动的功能得以扩展，其象征内涵也进一步丰富。

在明代服装中，常以女子荡秋千的纹样来象征清明这一节日，如图6-3-3、图6-3-4所示，定陵出土的明代绣仕女荡秋千紬膝裤，上绣有女子荡秋千的纹样；图6-3-5所示的洒线绣绿地五彩仕女秋千图经皮上，也绣有相似场景。

不管是仕女飘逸的衣带，还是舒展的身形，抑或是画面中的树木、枝条、花卉、蝴蝶都给人一种万物复苏、心情愉悦的感觉。

在明末宫闱内的应景补子中也不难发现对这一情境的描绘，如图6-3-6所示的圆形秋千补子，双龙拟人姿态立于两个秋千之上，秋千柱有盘龙装饰，辅以群山花朵作为装饰。最大的特点除了画面中的秋千外，就是其所表现出的一种生机和活力之感。

图6-3-3　北京定陵出土明代绣仕女荡秋千紬膝裤实物

图6-3-4　北京定陵出土明代绣仕女荡秋千紬膝裤线描图

图6-3-5　明代洒线绣绿地五彩仕女秋千图经皮
（故宫博物院藏）

图6-3-6　明代洒线盘金绣龙纹秋千补子
（纳尔逊阿特金斯艺术博物馆藏）

二、创新设计

根据明代秋千纹的表现特征，在当代服装图案的设计创作中也可“顺迹而行”。如图6-3-7所示，便是将龙形拟人化的设计，将龙爪云化比拟运动的活力，结合花草纹，以中心平衡对称的组织形式，塑造图案生机；图6-3-8遵循明代秋千纹的情景组织形式，将灵动飘逸的侍女荡秋千的情景与花朵卷草纹进行结合；图6-3-9、图6-3-10是基于明代清明秋千纹的情景化这一重要表达方式特征进行的创新设计，“去人存境”便是这一设计风格的最大的特点，通过环境中的秋千、花朵、树木、植物等突出环境氛围和节气特点。

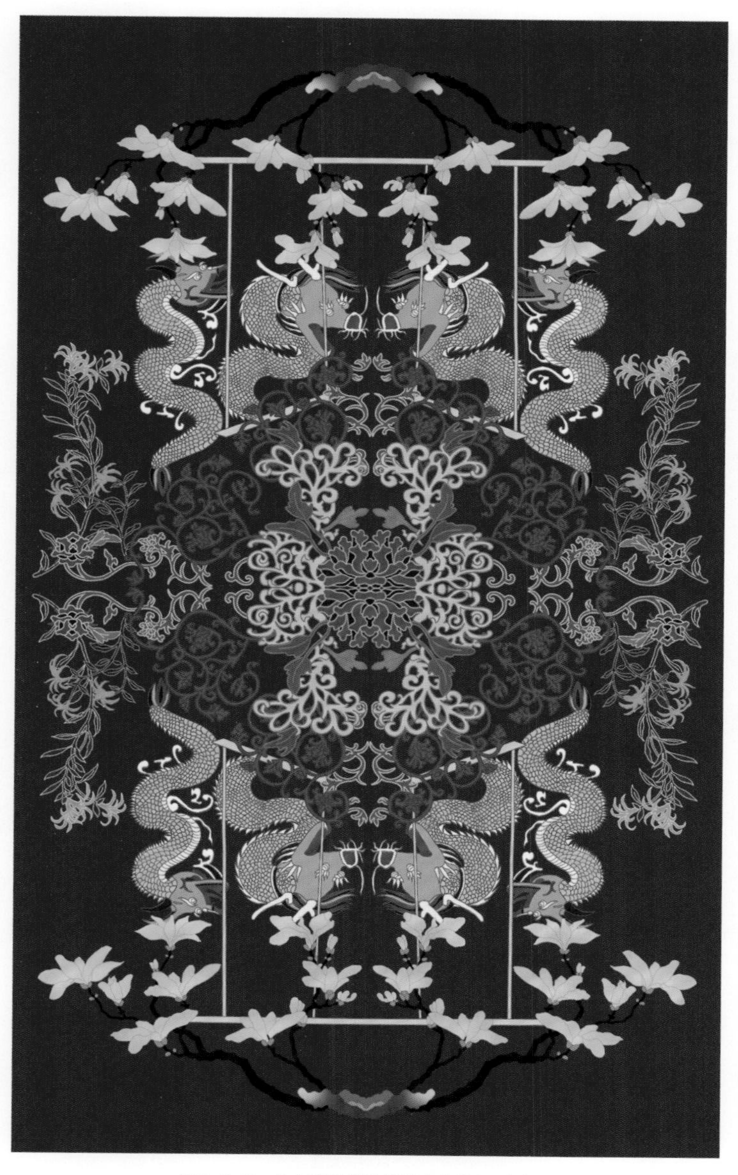

图6-3-7 北京服装学院服装与服饰设计专业
2020级陈雨晴作品
（指导老师：赵晓曦）

图 6-3-8　北京服装学院服装与服饰设计专业
2020 级宋模善（韩国）作品
（指导老师：赵晓曦）

图 6-3-9　北京服装学院服装与服饰设计专业
2020 级潘威同作品
（指导老师：赵晓曦）

图 6-3-10　北京服装学院服装与服饰设计专业
2020 级张玉峰作品
（指导老师：赵晓曦）

第四节　明代端午五毒艾虎纹的表现特征及服饰图案设计创新

一、表现特征

古人认为，进入农历五月，气温开始升高，百虫出动，百病泛滥。南北朝时期，人们将五月称为恶月，该月瘟病横出，人们以五色丝来避病，用艾叶驱虫害。有赖于古人“以毒攻毒，压而胜之”的巫俗信仰和认知原则，“蛇、蝎、蜈蚣、蟾蜍、壁虎”等这类“毒虫”在万物有灵的自然崇拜观念中，逐渐有了以凶御凶，以邪压邪、去疾辟恶、护佑平安之意。

到明代初期，以蜈蚣、蛇、蝎、壁虎、蟾蜍为象征的“五毒”毒物成为端午时节恶月的代表，如图6-4-1所示单独出现的五毒纹样。《帝京景物略》中写道：“五日之午前……各家悬五雷符，簪佩各小纸符，簪或五毒、五瑞花草。”❶

图6-4-1　明代京绣洒线绣蜀葵荷花五毒纹经皮面局部（故宫博物院藏）

明代中后期降毒的方式多样化，一种是在图案上用艾草和老虎或叼着艾草的老虎的形象来表达驱逐毒恶的期望，并辅以五毒元素，如图6-4-2、图6-4-3所示。“艾虎”即衔艾之虎。虎作为一种图腾形象很早就被人们所崇拜，被视为权力和神威的象征。后来人们将对虎的崇拜逐渐转化为希望借虎的力量能够使自己得到庇护和保佑，因此凶猛的野兽与人们的关系越来越“亲密”，成为人们的“保护神”。端午插艾是一项传统习俗，古人认为艾草具有一定的医疗功效，同时艾草有特殊香气，可以驱除蚊虫、净化空气。《荆楚岁时记》记载：“五月五日，采艾以为人，悬门户上，以禳毒气。”❷以上符号聚合在一起形成五毒艾虎纹，成为端午时节的传统民俗元素。五毒艾虎纹的应景补子作为汉文化的代表，在明灭之后的清代民间仍有流传，如图6-4-4所示，这件清代汉族棉布女童袄上五毒图案放置在胸前装饰肚兜之上，与明代应景补子在胸或背部的装饰效果相似，可见明代宫闱内的应景补子文化也影响于并流传于民间。明代宫闱内的节气之景补子本身就是民间市井文化和宫廷文化特征相融合的产物，明代节气之景的胸补造型流传并应用于清代民间汉文化服饰之中也在情理之中。五毒艾虎纹作为动植物类的纹样，一般以虎作为画面核心要素，尺寸最大、描绘最细、居于中心位置，寓有“虎镇五毒”之意。

❶ 明刘侗、于奕正撰《帝京景物略》。

❷ 王毓荣.荆楚岁时记校注[M].台北:文津出版社,1988.

清人郭麐有一首《五毒符》的诗生动地描绘了“五毒”各自的形象特点：“跂跂脉脉善缘壁（壁虎），蜿蜿虵虵斗凤疾（蛇），周身百足强扶持（蜈蚣），密网千丝巧罗织（蜘蛛），庞然独踞中央坐（蟾蜍），四虫幺麼一虫大，可怜乙骨走群妖，留向午时作奇货。”[1]五毒艾虎纹最大的特点之一是十分突出所描绘之物的造型特点，如老虎的眼睛和虎纹、蟾蜍的大眼和大嘴、蜈蚣的细密的足、蝎子带钩的毒尾、蛇细长蜿蜒的身躯等。

图 6-4-2　明代五毒艾虎纹补子（宾夕法尼亚大学考古和人类学博物藏）

图 6-4-3　明定陵出土明神宗红暗花罗绣艾虎五毒方补方领女夹衣正面与背面局部

另外，端午应景纹样还包括刻画有天师执剑的图案，寓意降毒，如图6-4-5所示的明代配

[1] 郑学富.端午节是古人的“卫生防疫日”[J].华夏文化,2020(2):48-50.

饰上的天师造型，根据《酌中志》记载："五月初一起至十三日止，宫眷内臣穿五毒艾虎补子蟒衣。门两旁安菖蒲、艾盆。门上悬挂吊屏，上画天师或仙子、仙女执剑降毒故事，如年节之门神焉，悬一月方撤也。"

图 6-4-4　清代汉族肉粉色棉布女童袄带黑素缎饰五毒虎纹堆绫肚兜套装
（北京服装学院民族博物馆藏）

图 6-4-5　明金艾虎五毒掩鬓（苏州博物馆藏）

二、创新设计

如图6-4-6、图6-4-7所示的当代五毒艾虎纹创作，是复刻明代五毒艾虎纹的风貌特征，并采用散点式与集中式的图案组合形式进行的当代服装图案创作。明代应景纹样是中华汉文化文明的代表，并没有因为明朝的覆灭而止步不前，而在清代的民间的汉文化中得到延续，因此在当代的服装图案创作中，不能拘泥于朝代约束，而应当对其文化内涵进行创新继承，如图6-4-8所示的创作作品，便是将明代延续至清代的五毒艾虎纹结合当代的散点式四方连续的组织形式而进行的再创作，更加符合当代人对于满印服装风格图案的追求。

图6-4-6 北京服装学院服装与服饰设计专业 2020级陈彦霏作品（指导老师：赵晓曦）

图6-4-7 北京服装学院服装与服饰设计专业 2021级倪墨翰作品（指导老师：赵晓曦）

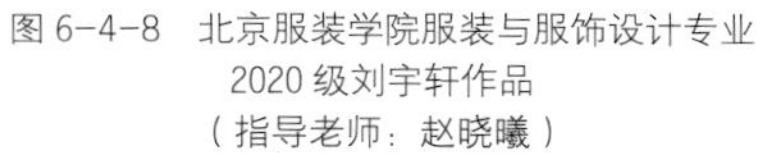

图6-4-8 北京服装学院服装与服饰设计专业 2020级刘宇轩作品（指导老师：赵晓曦）

第五节　明代七夕鹊桥纹的表现特征及服饰图案设计创新

一、表现特征

鹊桥纹，在明代主要是用于七夕时节，农历七月初期。鹊桥纹来源于牛郎织女的神话故事，传说七夕之夜，牛郎织女会在鹊桥上相会。南北朝时期庾肩吾《七夕诗》中提及以雕雕陵鹊、鹊填河，即群鹊衔接为桥，织女以渡银河团聚的说法。

唐朝宰相权德舆有诗《七夕》一则："今日云骈渡鹊桥，应非脉脉与迢迢。家人竟喜开妆镜，月下穿针拜九宵。"随着牛郎织女神话故事的定型，七夕乞巧的习俗也逐渐出现、发展并不断丰富，形成了以焚香祭拜、月下穿针、丢巧针等民俗事象为主的各种习俗活动。七夕乞巧成为古代女性最重要的节日之一。《帝京景物略》记载："七月七日之午，丢巧针。妇女暴盎水日中，倾之，水膜生面，绣针投之则浮，则看水底针影，有成云物、花头、鸟兽影者，有成鞋及剪刀、水茹影者，谓之得巧。"[1]从中我们可以了解到古代妇女的娱乐社会生活和文化心理需求。根据第二章中提及的《宛署杂记・卷十七・民风一（土俗）》与《酌中志》所述的活动内容，明代沿袭织女表达的"乞巧"这一特征，到中后期加上了应景的鹊桥补子来喻以乞巧。

如图6-5-1、图6-5-2所示，明代应景鹊桥纹多用借代的象征意义手法来表现七夕节令，通常绘有牛郎织女的人物形象或代表牛郎的一大两小三颗星星（传说那是牛郎和他挑着的两个孩子）和代表织女的呈梭形的四颗星星（代表织女织布所用梭子）以及桥梁、喜鹊等用以表述故事情节，有些还会用祥云、殿宇等来表现场景和烘托气氛。明代鹊桥节气之景补子，画面左右平行对称，以鹊、牛郎、织女、桥四者元素联系，牛郎与织女双手持笏，以补子图案的形式表达对忠贞不渝爱情的向往。

图6-5-1　明代红纱地洒线绣云水金龙纹方补
（北京艺术博物馆藏）

图6-5-2　明代鹊桥相会图经套
（原藏予故宫博物院）

[1] 明刘侗、于奕正撰《帝京景物略》。

二、创新设计

在当代服装图案设计中，恰好可以利用明代七夕鹊桥纹善用借代的手法进行设计创新。如图6-5-3~图6-5-5所示的艺术创作，是以雀鸟的形态来代指牛郎织女，辅以桥梁、云雾、河流进行形象化暗示，营造出具有古典艺术气息的应景鹊桥纹的造型。如图6-5-6所示的鹊桥纹设计作品，是基于明代七夕鹊桥纹元素，运用当代解构形式设计，元素具有古韵，用云雾遮挡桥梁与银河的方式塑造了桥梁银河特有的解构特征，形如“犹抱琵琶半遮面”，辅以明艳的当代色彩，画面浪漫富有诗意。

图6-5-3 北京服装学院服装与服饰设计专业
2020级龙鑫楠作品
（指导老师：赵晓曦）

图 6-5-4 北京服装学院服装服装与服饰设计专业
2021 级戴昕仪作品
（指导老师：赵晓曦）

图 6-5-5　北京服装学院服装与服饰设计专业
2020 级贺怡静作品
（指导老师：赵晓曦）

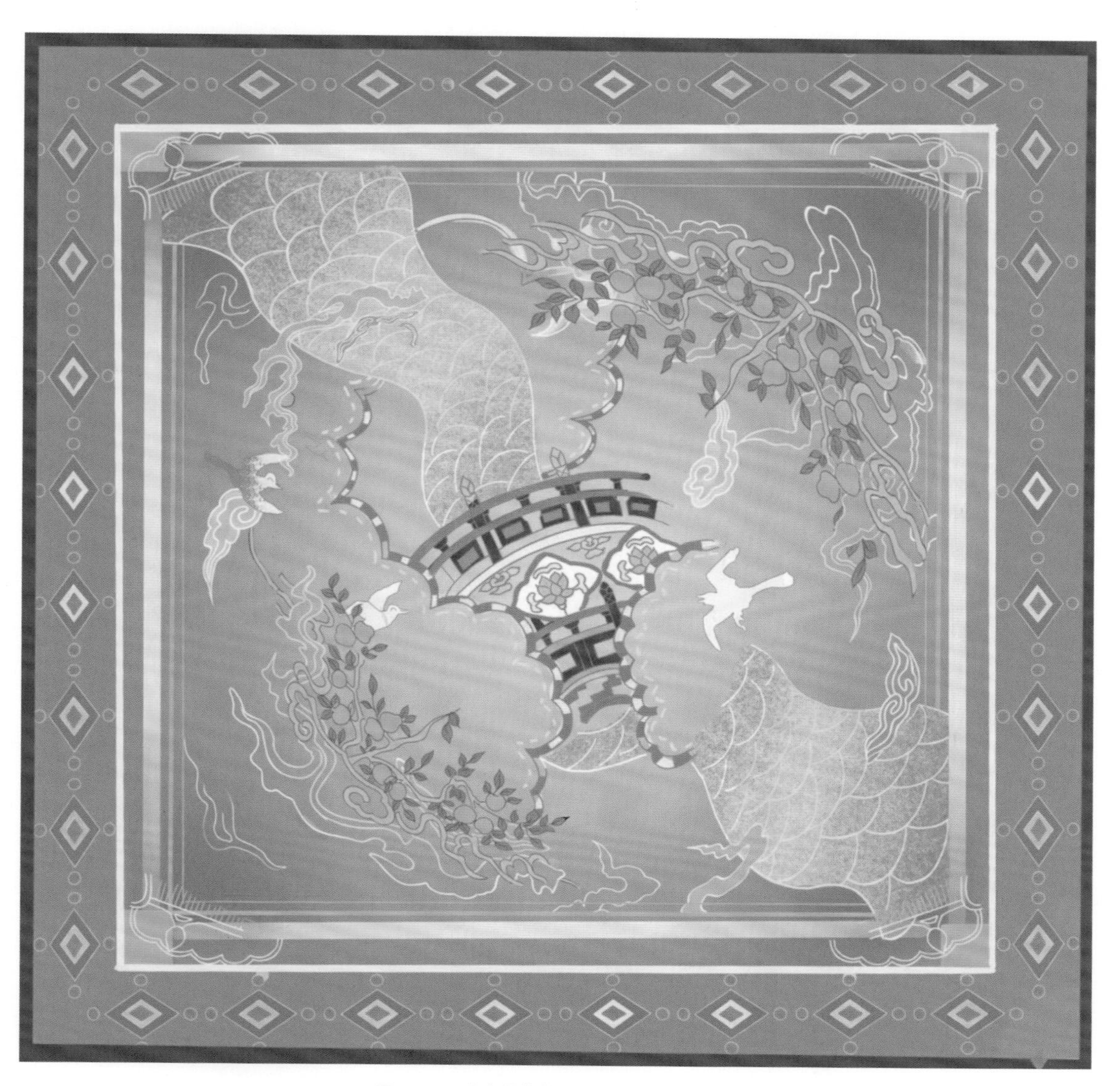

图 6-5-6　北京服装学院服装与服饰设计专业
2020 级尹露璇作品
（指导老师：赵晓曦）

第六节　明代中秋玉兔纹的表现特征及服饰图案设计创新

一、表现特征

关于玉兔的神话传说没有像牛郎织女爱情故事那样家喻户晓，其故事的丰富性和曲折性也远远不及后者，但有研究发现：早在三千多年前的商代就已经发展出了月兔和玉兔的神话，[1]人们将代表月亮的玉兔视作月神。在汉代多以蟾蜍和白兔来象征月亮，如图6-6-1所示，长沙马王堆辛追墓中出土的T形帛画，画面左上角绘有站在弯月上的蟾蜍与白兔，汉乐府《董逃行》中记载“玉兔长跪捣药虾蟆丸。”自汉代开始玉兔的形象一直为捣药的姿态，传说玉兔捣的是西王母的“长生不死药”，同时古人曾相信月亮具有不死的力量，因此“月中兔”也逐渐成为长寿的象征。晋代葛洪《抱朴子·内篇》说：“虎及鹿兔，能寿千岁。寿满五百者，其毛色白。能寿五百岁者，则能变化。”后来兔的形象又有了生育、祥瑞等文化意义，但溯其本源都与月亮有千丝万缕的关系。到了唐代，仅有捣药的玉兔形象来代表月亮，如图6-6-2所示，唐月宫镜背面雕刻有桂树下捣药的玉兔与嫦娥形象，诗人杜甫《月》诗中也以“入河蟾不没，捣药兔长生”来描写中秋月色。

图6-6-1　长沙马王堆汉墓辛追墓T形帛画及复原图

[1] 叶舒宪.玉兔神话的原型解读——文化符号学的N级编码视角[J].民族艺术,2014(2):32-37,44.

图 6-6-2　唐代刻有捣药玉兔和嫦娥的月宫镜　（故宫博物院藏）

从图6-6-3中明十三陵定陵出土的捣药玉兔玉簪可以看出，明代玉兔形象是顺延了唐代捣药的造型特征。图6-6-4所示的明隆庆仿宣德的玉兔盘，盘心绘一青花圆形留白玉兔纹，恰似玉兔卧于一轮满月之中，即将兔和月造型组合。图6-6-5、图6-6-6所示的明代中秋应景补子中，玉兔和月亮的补子图案成为宫闱内服饰图案，是对中秋节令的反映。在这些应景补子之中不难发现除白兔与明月外，补子图案中还间饰菊花和牡丹等植物纹样，菊花长寿、牡丹富贵与玉兔长生的寓意极为贴合，因此在明代的其他中秋应景的玉兔纹中也常可看到有菊花、牡丹为次要元素的装饰图案，同图6-6-7所示。中秋团圆时，着玉兔纹，寓团圆长寿之意，体现了古人对生命和时间的认识。

二、创新设计

中秋玉兔纹在当代的服饰图案创作中，除遵循明代中秋玉兔纹元素特征外，还可在图案的组织构图中增加故事性。如图6-6-8所示的当代服饰图案创作，以鼓腹瓷瓶为适合纹样轮廓型，附以玉兔在万花丛中捣药的故事情景进行塑造，喻祝人长寿、祈求团圆的美好寓意，具有很强的装饰性及立体造型效果。图6-6-9、图6-6-10所示的创新设计中，一改明代方正补形的适合纹样外形，一则以花朵形为适合纹样廓型，用色古朴典雅；一则结合太极图案，一阴一阳，丰富了整体画面结构，增添了当代中秋玉兔纹的文雅趣味。图6-6-11所示的设计作品，在单独纹样内还增设了适合的纹样结构，外围蟒兔追逐的故事内又藏有窗外月的叙事，套叠式的图案组织形式也丰富了故事情境内容。

图 6-6-3　明万历嵌珠宝白玉簪
（1958 年北京市昌平十三陵定陵出土）

图 6-6-4　明隆庆仿宣德款青花三友花卉玉兔纹盘
（故宫博物院藏）

图 6-6-5　明代明红绛丝如意云月兔纹中秋应景方补

图 6-6-6　明万历洒线绣玉兔“龙”纹圆补（美国纽约私人藏品）

图 6-6-7　明早期南京云锦织物的精品黄地桂兔纹妆花纱（故宫博物院藏）

图 6-6-8　北京服装学院服装与服饰设计专业 2020 级薛文婷作品
（指导老师：赵晓曦）

图 6-6-9　北京服装学院服装与服饰设计专业
2020 级杨文傲作品
（指导老师：赵晓曦）

图 6-6-10　北京服装学院服装与服饰设计专业
2020 级刘万柄作品
（指导老师：赵晓曦）

图 6-6-11　北京服装学院服装服装与服饰设计专业
2021 级刘宜青作品
（指导老师：赵晓曦）

第七节　明代重阳菊花纹的表现特征及服饰图案设计创新

一、表现特征

菊花纹，在明代用于重阳时节。在中华文化中，菊花既有药用、食用价值，同时也具有十足的审美意趣。明代之前人们佩茱萸、饮菊花酒以辟邪，同时菊花酿酒还有延年益寿的功效，菊花成为重阳节的象征。

明代洪武至嘉靖时期，菊花纹的样貌以扁平状、外围一层菊花瓣的样貌呈现，如图6-7-1、图6-7-2所示的裱片、漆器上的菊花纹形态。万历之后，菊花纹除保留了扁平的样貌外，外围菊花瓣以3~4层的形式出现，这也为后期清代菊花纹的繁复样貌的变化提供了基础，如图6-7-3~图6-7-9所示的织物。

图6-7-1　明代嘉靖驼色折枝菊花纹妆花裱片（故宫博物院藏）

明末人们将菊花纹样作为重阳节的应景纹样，应用于服装服饰品中，如图6-7-3所示的重阳节菊花纹应景补子纹样。这不仅是因为重阳之日有登高饮菊花酒、祛病避恶的习俗，更因为人们给菊花赋予了一定的人格，认为菊花是“四君子”之一，是高洁、长寿的代表，人们穿着、佩戴菊花，希望用菊花来彰显穿着者的品质，也希望菊花能够带给人这样的好运。菊花虽是重阳节令的应景元素，但花朵与龙、蟒合用时，气势形态却不能与龙、蟒相较，因此在图6-7-3所示的服装补子或者图案中运用中，菊花纹样往往作为次要的视觉表现形式进行装饰，这也是与其他应景纹样在服装中应用时最大的不同之处。但当重阳菊花纹作为主视觉图形单独出现时，如图6-7-5所示，菊花花瓣颜色层次丰富，立体性强；当如图6-7-6~图6-7-9中所见，整体画面图案色彩为双色时，菊花纹常以亮色的剪影表现形式出现，图案造型更为突出明显，肌理感丰富。

二、创新设计

结合明代二方连续密铺菊花图案的白描表现方法与明代双色菊花纹的表现特征所设计的作品，即图6-7-10：在白描的表现手法中，将主视觉元素菊花纹样造型与次要元素缠枝纹的大小关系形成对比，突出核心，花瓣层次丰富并以中心对称的组织形式平衡画面，与缠枝造型塑造的次要元素瑞虎、蝴蝶相得益彰，简中有繁，寓意更为丰富、多元。

图 6-7-2　明代永乐年制剔红菊花纹圆盘（故宫博物院藏）

图 6-7-3　明代万历红地洒线绣菊花龙纹方补

图 6-7-4　明代红色缠枝菊莲茶花纹妆花缎（故宫博物院藏）

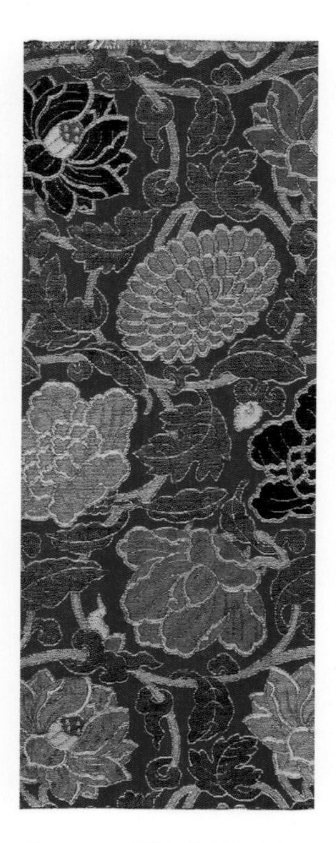

图 6-7-5　明代洒线绣绿地彩整枝菊花经书面（故宫博物院藏）

图 6-7-6　明代大藏经丝绸裱封虾青地缠枝菊双层锦（北京艺术博物馆藏）

图 6-7-7　明代大藏经丝绸裱封大红地缠枝菊花纹双层锦（北京艺术博物馆藏）

图 6-7-8　明代大藏经丝绸裱封茄色地折枝菊蜂蝶双层锦（北京艺术博物馆藏）

图 6-7-9　明代葱绿地织金蟒裙（曲阜孔子博物馆藏）

图 6-7-10　北京服装学院服装与服饰设计专业
2020 级阮氏花（越南）作品
（指导老师：赵晓曦）

第八节　明代冬至阳生纹的表现特征及服饰图案设计创新

一、表现特征

阳生、绵羊引子、梅花纹，常用于明代冬至时节。自唐朝时开始便有“阴化、阳升”之意，明代沿袭“阳升”并化为阳气始生之意“阳生”。古人认为冬至过后，白昼开始一天比一天长，因此冬至是阳气上升的开始，也是一个吉日。《汉书》有云：“冬至阳气起，君道长，故贺。”羊与“阳”谐音，羊的形象本身又具有诸多美好的寓意。在字音、字形方面，“羊”字与“祥”“美”“善”等字都有着一定的关联。羊还是文明历史的见证者，我们从驯养羊，到把羊作为祭祀用品或者是殉葬品，羊在人类的发展史上不仅为我们提供了物质支持，也在精神上给人以慰藉。而在冬至时节提到“羊”，更多的是体现了“羊”与“阳”的谐音关系，常用口吐瑞气的羊作为图案，来表示“阳生”。“阳生”又指十月的卦象为全阴，十一月的卦象为一阳，即为“一阳生”。[1]图6-8-1所示的明代冬至阳生应景补子中，下端两只羊口吐瑞气盘旋上升，即为此意。

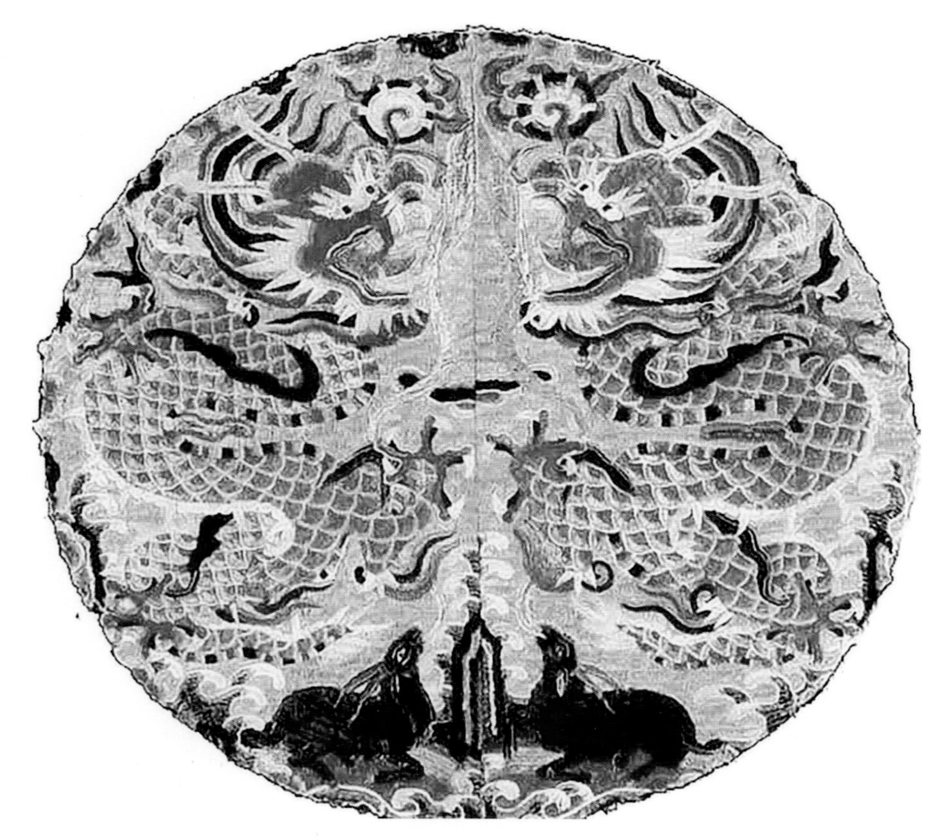

图6-8-1　明后期双龙阳生纹圆补（私人收藏）

[1] 郑丽虹．明代应景丝绸纹样的民俗文化内涵[J]．丝绸，2009(12):53-57.

图6-8-2所示为明初期刺绣开泰图中出现的羊与太子出现的场景，也是冬至特有的应景元素，绵羊与太子联用又称为绵羊引子，其寓意去冬引春。图6-8-3所示为明代绵羊太子织锦上有手持梅花枝干的太子，梅花为冬季特有的花朵代表冬意，组合则寓意为喜上眉（梅）梢。除服装图案外，服饰图案也配有应景元素纹样，图6-8-4所示为明代金簪上雕刻的绵羊太子。根

图6-8-2 明初期刺绣开泰图（美国大都会艺术博物馆藏）

图6-8-3 明代绵羊太子织锦（波士顿美术馆藏）

图6-8-4 明代镶宝石棉羊太子金簪（首都博物馆藏）

据发掘的考古文物来看，明代对于羊的刻画可分为山羊与绵羊两种，山羊犄角直立、身形健壮，绵羊犄角弯曲、身形敦厚；绵羊引子所配太子均骑于羊背之上，裘皮夹袄、帽子和明代特色“老干发新枝”的折枝梅花纹喻以不老不衰的冬日情景，明代梅花纹御寒开花分为五瓣，如图6-8-5~图6-8-7所示的织锦上的梅花纹造型，花蕊由花瓣相互交叠形成，花瓣呈绽放姿态；侧视时则为三瓣交叠并有细线勾勒花蕊，花型简洁大方，组织形式富有创意。

图6-8-5　明代大藏经丝绸裱封灰绿地朵梅潞绸（北京艺术博物馆藏）

图6-8-6　明代大藏经丝绸裱封桃红地朵梅菱格卍字纹锦（北京艺术博物馆藏）

图6-8-7　明代大藏经丝绸裱封酱色地朵梅蜜蜂纹双层锦（北京艺术博物馆藏）

二、创新设计

无论是明代应景服饰补子图案还是其他服装服饰品的装饰图案，阳（羊）生之意，永远是图案画面中故事情节构成元素的重要部分。当阳（羊）生与龙纹等社会地位更高一级的纹样合并使用时，同重阳菊花纹一样是作为次要视觉元素出现的，但与重阳菊花纹不同的是当阳（羊）生纹在与其他非象征皇权的高等级的纹样共同使用时，视觉中心更多还是落脚于羊和其共生的元素上。因此在绵羊太子图等图案中，不难发现羊与共生元素太子、梅花可以构成一个故事情节，这也是冬至阳生纹的重要表达特征。因此在当代的服饰图案创作中，对于围绕羊元素的共生故事包的设计至关重要，如图6-8-8、图6-8-9所示的冬至阳生纹的图案设计作品中，绵羊造型敦厚，具有明代绵羊弯曲的犄角，图6-8-8中仰首的姿态与向上升的云朵形成呼应；图6-8-9中绵羊口衔折枝梅花，配有牡丹。图6-8-10的设计作品则是以山羊为主视觉，两侧飞奔的为绵羊形成的三阳（羊）开泰、喜上眉（梅）梢、阳（羊）气始生（升）之意。三者都形成了各自的故事情景感受，同时表达了去冬引春的美好祝愿。

图6-8-8　北京服装学院服装与服饰设计专业
2020级赵佳琪作品
（指导老师：赵晓曦）

图6-8-9　北京服装学院服装与服饰设计专业
2020级赵飞菲作品
（指导老师：赵晓曦）

图 6-8-10　北京服装学院服装与服饰设计专业
2021 级孙艺静作品
（指导老师：赵晓曦）

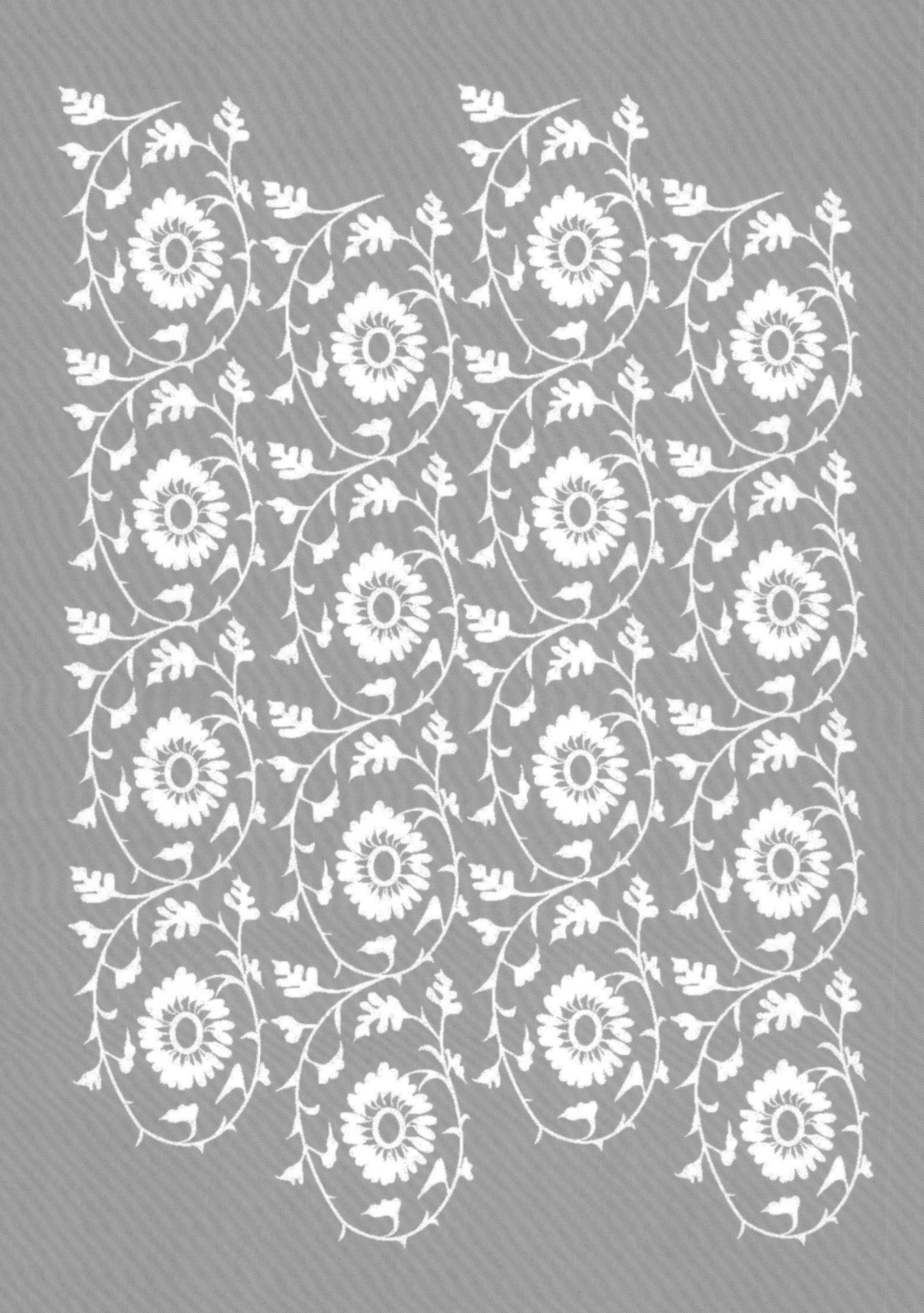

明 · 重阳菊花纹 设计：赵晓曦

第七章

明代仪式之景的构成与设计表达

明代仪式之景纹样是与节庆活动相关的一种服饰图案纹样。明代仪式中最为隆重与繁华的当为万寿圣节、颁历、大婚三个节日。每个节日都有不同的符号元素彰显节日盛典的文化。参阅表7-1所示，不同仪式之景纹有其不同的“能指”符号化表现和符号象征的“所指”意义。

表7-1 仪式之景纹样的解析

节日	符号	能指	所指
万寿圣节	万万寿纹、洪福齐天纹	卍字纹、寿字纹、红蝠、灵芝、四季花	长寿万福、繁荣昌盛
颁历	宝历万年纹	葫芦、八宝、荔枝、“卍”字飘带系鲶鱼、珊瑚、宝珠、双角、祥云、方胜、海水等杂宝	宝历万年、万福万寿、富贵万年
大婚	喜字纹	“喜”字字形图案、并蒂莲的缠枝纹、四季花	富贵、忠贞、长寿、吉祥

第一节 明代万寿圣节万万寿纹、洪福齐天纹的表现特征及服饰图案设计创新

一、表现特征

万寿圣节，是为庆祝明代帝王生辰而举办的节日。

为庆祝万寿圣节这一节日，明朝中后期出现了以字形为图案的应景纹样，如图7-1-1所示的明代万历皇帝交领夹龙袍上，织有“万、寿、福、喜”的字样，其中“寿”字使用楷体繁体的书写形式，同样的还有图7-1-2、图7-1-3上的楷体繁体“寿”和图7-1-4中的篆书繁体“寿”，都表达了“长寿”的寓意。明人开始有意识地对文字图案进行多元化设计，这也为后续团字等寿纹的发展奠定了基础。

除单纯的文字图案外，如图7-1-5、图7-1-6所示的文字图案与图形图案组合设计的固定搭配应景补子纹样。例如，图7-1-5所示的明代大藏经丝绸裱封上有灵芝驮寿的图形，下方绘有“卍”字图案；图7-1-6所示的明代万历年间刺绣方补，寿字也驮于灵芝之上，且周围也绣有“卍”字图案底纹，即“万”字纹，联用则为万万寿纹，喻以长寿万福。再如，搭配象征四季的花朵图案，春则牡丹、夏则莲花、秋则菊花、冬则梅花，被称为一年景纹，喻以一年四季繁荣昌盛。值得一提的是图7-1-6所示的方补，主图案“寿”字字形图案下配有白兔图案，此处白兔与字形组合并非固定搭配，这是因为明神宗朱翊钧生辰在中秋之后，为应其帝王时令元素而有意为之，因此在定陵出土的万历年间服饰上有很多白兔形象。

在《酌中志·卷十九内臣佩服纪略》中还记载了一种与万寿圣节相关的纹样，即“洪福齐天”文字图案组合纹样：文字部分绣有“齐天”字形图案，左右两旁各有红色蝙蝠一枚，象征“洪福”。如图7-1-7所示，在定陵出土的明代织金妆花方领女夹衣上，寿字纹两旁各有一蝙蝠，蝙蝠脚下绘有如意云纹作为次要元素搭配，这符合《酌中志》中的记述。而因现存明代“洪福

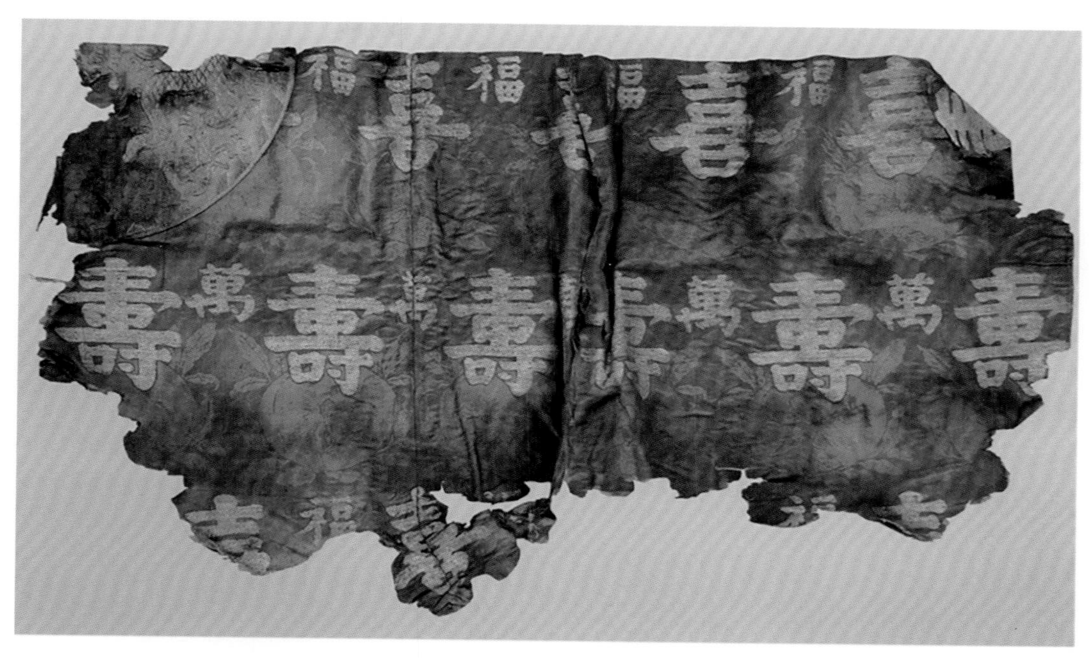

图 7-1-1　定陵出土文物红寿桃纹地织金缎交领夹龙袍（十三陵博物馆藏）

图 7-1-2　明代大藏经丝绸裱封绛色地寿字纹潞绸（北京艺术博物馆藏）

图 7-1-3　明代大藏经丝绸裱封沉香地寿字潞绸（北京艺术博物馆藏）

齐天”纹的织物较少，因此在设计当代蝙蝠纹样造型时可参考借鉴明代其他文物中的造型，例如图7-1-7所示，以及《中国铜镜史》中的“钩”状双翼蝙蝠。也可参考图7-1-8明代朱见深所绘制的《岁朝佳兆图》又称《柏柿如意》中的蝙蝠元素造型，蝙蝠呈现W形，尖嘴双耳，翅尖尖锐且微微弯曲，身形圆润覆有茸毛。

图7-1-4　明代刻金地龙纹“寿”字裱片（故宫博物院藏）

图7-1-5　明代大藏经丝绸裱封红地灵芝寿字纹两色绸（北京艺术博物馆藏）

图7-1-6　定陵出土明万历刺绣“卍”寿玉兔纹方补（十三陵博物馆藏）

图7-1-7　明代织金妆花方领女夹衣线稿图［来源于《定陵（上）》］

图7-1-8　明代朱见深绘《岁朝佳兆图》（藏于北京故宫博物院）

二、创新设计

当代社会审美文化的特点之一就是大众化，万寿圣节万万寿纹的“寿”字形图案在当代服装中运用时，容易受到“寿终正寝”时冠以“寿”字的习俗文化影响，较难被大众所接受，在对万寿圣节万万寿进行设计应用时，应考虑现代人的审美需求，处理好图案与服装图案之间的符号学所指关系。如图7-1-9所示的一种设计方式，是将楷体“卍”字纹与“寿”字纹缩小，作为视觉图形的次要元素使用，突出主视觉的吉祥纹样灵芝纹样和葫芦纹的廓型特征，并将图案色彩关系映衬得更具祥瑞。或是如图7-1-10所示的另一种设计方式，该设计作品使用明代“柿蒂”作为适合纹样外轮廓型，以中心为视觉焦点向外围散射，中心点的主视觉巧妙地使用了

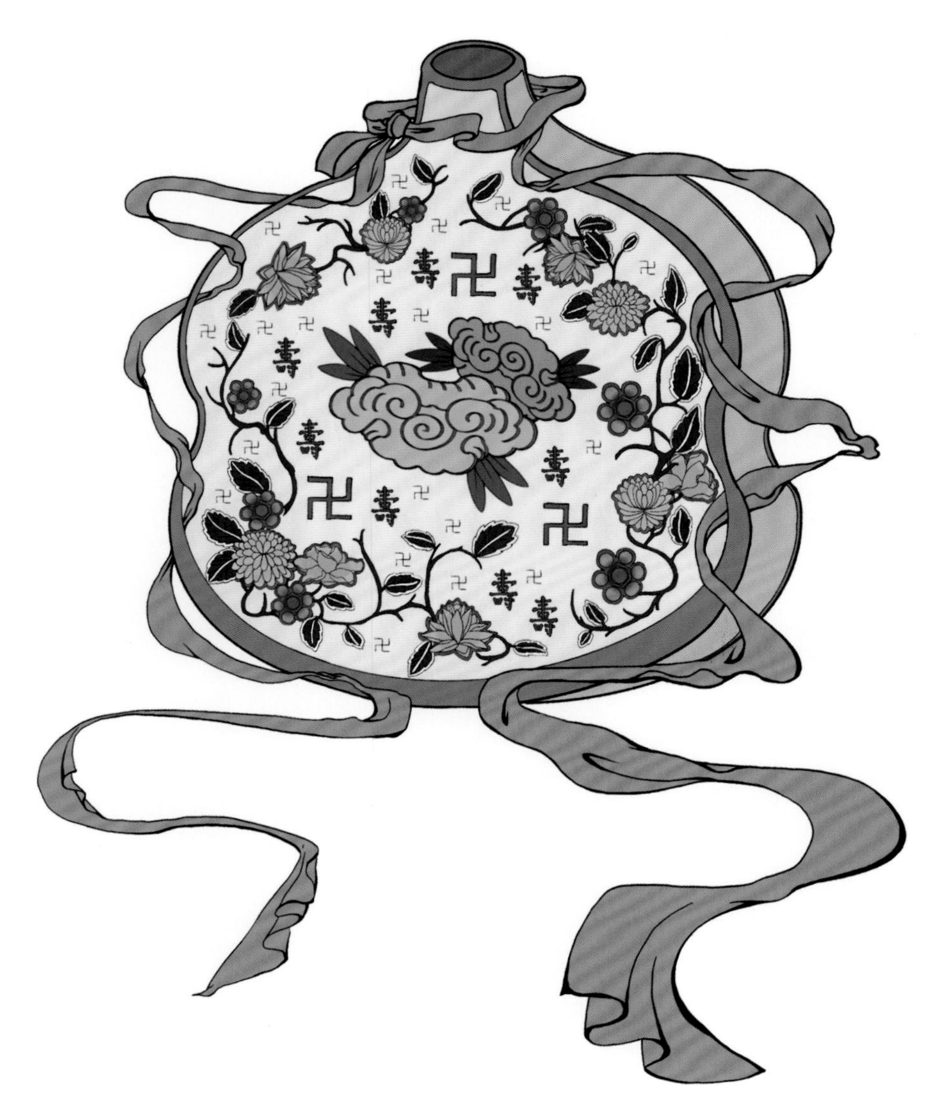

图7-1-9　北京服装学院服装与服饰设计专业
2021级周逸涵作品
（指导老师：赵晓曦）

明代变体“寿”字纹样置换了当代社会代表丧葬礼仪的楷体“寿”字纹，避其形而取其意，并辅以搭配的一年景纹和以“卍”字纹雕琢的“寿”字纹。相比之下，“洪福”（红蝠）与当代人们审美情趣更为贴合。图7-1-11所示的设计作品是以“洪福”为灵感所设计的洪福齐天纹创新作品，该作品采用瓷器皿廓型的适合纹样组织形式，瓶内装有剪影式与白描简化式红蝠纹样，蝙蝠自上而下放置，形成大小与层级错落的造型特征；红蝠之间点缀白描线稿云纹与团字寿纹，寓意“洪福齐天”；色彩上结合了当代赛博朋克的霓虹色调，这种“以传统形，拟当代色”的设计手法使作品形成了强烈的视觉冲击。

图7-1-10 北京服装学院服装与服饰设计专业
2021级王嘉欣作品
（指导老师：赵晓曦）

图 7-1-11　北京服装学院服装与服饰设计专业
2020 级刘苏萱作品
（指导老师：赵晓曦）

第二节　明代颁历宝历万年纹的表现特征及服饰图案设计创新

一、表现特征

颁历，是帝王颁布新历的日子，明代岁末会举办盛大的颁历仪式，天文官员将御用之历进献给皇帝，皇帝再颁布给臣民，是京城重要的礼仪活动。颁历的盛大典礼在南怀仁（Ferdinand Verbiest）的《欧洲天文学》中也有专门的介绍。❶

在进行颁历活动时，人们穿着对应该活动的象征符号纹样，即饰有“宝历万年纹”的服饰品。如图 7-2-1 所示的万历年所使用的仪式之景的应景补子，根据图中五爪金龙纹的使用可以基本判别为帝王使用的补子：金龙下方绣有以葫芦纹为外轮廓的适合纹样，葫芦口上绣有如意祥云；葫芦内上方绣有似“卍”字的飘带中间系着一条鲶鱼，寓意万年；葫芦内下方绣有八宝、荔枝、杂宝纹样，即珊瑚、宝珠、双角、祥云、方胜、海水等，寓意万福万寿、富贵万年。这

❶ 汪小虎.中国古代历书的编造与发行[J].新闻与传播研究,2020,27(7):111-125,128.

与《酌中志》中的部分描述相吻合。图7-2-2所示的牡丹永安瓶八宝潞绸也对宝历万年纹进行了刻画，且增加了文字图案的表达形式。图案由瓶、牡丹花、文字、杂宝构成，瓶颈系飘带，瓶子上下和左右点缀珊瑚、银锭子、方胜等杂宝，同时，以“永安”文字图案加强了对于吉祥的祝愿。

图7-2-1　明代万历年葫芦江山万代龙纹圆补（私人收藏）

图7-2-2　明代大藏经丝绸裱封绿地牡丹永安瓶八宝潞绸（北京艺术博物馆藏）

二、创新设计

明代颁历所用宝历万年纹的部分装饰纹样元素是与节气之景纹样元素相重合的，如葫芦纹、灵芝纹、海水江崖纹等，因此在对明代宝历万年纹的塑造时，应当突出其不同之处，一是如图7-2-1中心位置有“卍”字飘带系鲶鱼这一元素，象征“万年”，二是《酌中志·卷十九内臣佩服纪略》中提到的“八宝荔枝、卍字鲇鱼也”。图7-2-3的设计作品，便是以宝历万年纹中多样化的宝物元素进行的设计创作，画面由细碎杂宝构成，似飘带的卷草纹与“卍”字等杂宝元素，构成了具有纹理感的底纹画面，围绕在中心图形荔枝周围，画面布局具有节奏韵律。图7-2-4的设计作品，是以鲶鱼和方胜纹作为主视觉图案的宝历万年纹设计，吉祥元素分布在不同层次，从下到上依次是：万万寿纹、荔枝、飘带式卷草、鲶鱼、方胜、宝珠，多种层次形成视觉上的高度立体感。图7-2-5的设计作品更好地遵循了明代宝历万年纹的基本元素与结构特征，但在图案的色彩基调中使用了明度较低的颜色而异于传统的高明度、高饱合度的颜色，这种色彩的设计形式拉近了传统与当代的联系，且更符合当代年轻人对于国潮风格的需求。

图 7-2-3　北京服装学院服装与服饰设计专业
2020 级张文作品
（指导老师：赵晓曦）

图 7-2-4　北京服装学院服装与服饰设计专业
2020 级邵云熙作品
（指导老师：赵晓曦）

图 7-2-5　北京服装学院服装与服饰设计专业
2021 级李婧作品
（指导老师：赵晓曦）

第三节　明代大婚喜字纹的表现特征及服饰图案设计创新

一、表现特征

大婚，即婚礼或册封大典的活动，明代大婚时常会使用配有喜字纹的应景图案。

图 7-3-1 所示是北京定陵出土的明代孝靖皇后大婚时所穿的礼服，服装中的纹样为喜字并蒂莲织金妆花缎，图案造型为由喜字和并蒂莲的缠枝纹样组成四方连续密铺图案，出淤泥而不染的莲花象征爱情的贞洁，画面延展出的多个喜字传递美好寓意，也与《酌中志》中“万万喜”字的元素相对应。喜字多与植物花朵纹样合用，除与并蒂莲合用寓意爱情忠贞外，还会与一年景的四季花合用，寓意富贵、忠贞、长寿、吉祥。如图 7-3-2 所示的明代洒线绣喜字花卉纹应景补，在喜字周围分布有单独纹样的六朵花，其中两朵荷花（夏季花）与两朵牡丹花（春季花）分别分布在喜字上下两端，喜字左侧为菊花（秋季花），右侧为梅花（冬季花）。大婚因应景喜字字形图案元素的直抒胸臆而变得更具文化内涵，强烈表达了大婚时盛典的喜庆与愉悦。

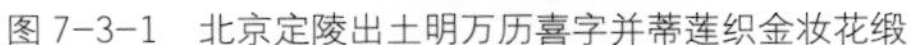

图 7-3-1　北京定陵出土明万历喜字并蒂莲织金妆花缎

图 7-3-2　明代洒线绣喜字花卉纹应景补（私人收藏）

二、创新设计

喜字纹是帝王大婚时所用应景纹样中最重要的字形图案元素，这与万寿圣节万万寿纹中的“寿”字形图案的表达形式相一致，两者都是以文字之内涵，直抒胸臆进行表达。在当代的服装图案设计中，尤其是用于婚庆的图案装饰时，喜字纹更能贴合于活动氛围。图7-3-3所示的图案设计作品，图案造型借鉴了图7-3-4、图7-3-5所示的明代瓷器中的莲花纹与缠枝莲藤蔓造型，赋予圆形适合纹样自中心向外散射式植物纹样的组织形式，且每一层所示的织物纹样的组织特征也不尽相同，自内向外，中心部位莲花缠枝纹使用旋转中心对称方式、第二层使用平行对称的方式、第三层使用镂空雕花角隅方式，“喜”字字形图案浮于中心图案之上，整体造型生动而有层次。

明代帝王大婚着衮冕服，如第二章第一节图2-1-4所示的明太宗朱棣冕服玄衣纁裳像复原图，服色自周朝建立以来就一直沿用其“玄衣纁裳”的样貌。“玄色”者，先染白，再染黑谓之玄色，即黑色；“纁色”者，是赤绛色而微黄，黄而兼赤为纁，即赤红色。图7-3-6所示的设计作品，便是以明代帝王大婚所用服色特征赋予图案色调，凸显了明代宫廷大婚的传统文化内涵特征，造型主视觉喜字纹样突出，喜字左右两边饰有洪福（红蝠）与杂宝，被代表太阳的圆形所包围，围绕着太阳的火红龙凤造型威严生动，象征“龙凤朝阳”，寓意吉祥、光明。但黑与红色彩对比强烈，在服装设计时应考虑当代人群的审美需求。

图 7-3-3 北京服装学院服装与服饰设计专业
2020 级李杲炀作品
（指导老师：赵晓曦）

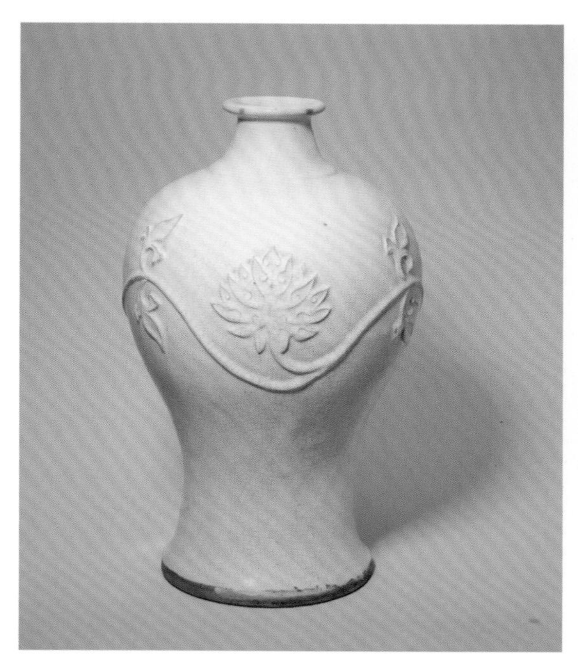

图 7-3-4 明代宜兴窑塑贴莲花纹梅瓶
（北京故宫博物院藏）

图 7-3-5 明代龙泉窑青釉凸花缠枝莲纹尊
（北京故宫博物院藏）

图 7-3-6　北京服装学院服装与服饰设计专业
2020 级廖芷仪作品
（指导老师：赵晓曦）

图 7-3-7　北京服装学院服装与服饰设计专业
2021 级陈佳作品
（指导教师：赵晓曦）

除适合纹样图案的造型设计之外，例如图7-3-7、图7-3-8所示的设计作品，还可以创新地结合当代解构与重构的设计语言进行“字形图案+兽形图案”的组织设计。麒麟自古就有“麒麟引子”之说，因此在婚庆的传统服饰图案纹样的应用中，也常会出现麒麟纹样的身影，作为大婚应景纹样的设计，麒麟纹的使用再合适不过，该设计借用麒麟之身，将明代应景大婚楷体“喜”字纹进行拆解融入麒麟纹的廓型之中，一方面作为麒麟身形火的装饰样貌，另一方面也可直观地感受到“喜”字字形图案，形成类似于欧普艺术图案的视错图形。

明代大婚喜字纹与并蒂莲或一年景四季花纹样搭配使用时，会形成不同的两种组织风格特点，参阅图7-3-1所示，并蒂莲多以缠枝造型出现，参阅图7-3-2所示的一年景四季花多是单独纹样散点式分布。当代服装图案的设计中恰巧可以借此“融汇贯通”，形成“双景”特征的服饰图案纹样，如图7-3-9所示的设计作品，借用并蒂莲缠枝的藤蔓造型贯穿荷花等散点式植物纹样，形成一个完整的个体花环形态，顶端以楷体“喜”字纹来呼应整体应景基调，造型丰富独特。

图7-3-8　北京服装学院服装与服饰设计专业2021级陈佳作品（指导老师：赵晓曦）

图7-3-9　北京服装学院服装与服饰设计专业2021级孙思晗作品（指导老师：赵晓曦）

明·冬至阳生纹 设计：赵晓曦

第八章

明代应景纹样在当代服装中的传承与创新

通过以上章节对应景纹样的分析与探讨，不难发现，无论是狭义的明代节气之景，还是广义上明代阶级之景与仪式之景，都是以纹样来反映社会阶级、社会活动意涵。在当代服饰图案的传承与创新中，传统服装图案的表达应更趋向于对节日氛围与吉祥寓意的传承，表现社会生活的文化气息。因此本章使用“承古拓新”的服装设计手法，“承古”即为遵循明代传统应景纹样的图案特征，“拓新”即为结合当代的服装廓型、图案的造型手法和当代的艺术表达风格进行服装设计。

明代应景纹样元素并不只是单独出现在纺织品中，瓷器、玉器、漆器、木刻等艺术形式中，都有相似的造型纹样。因此，在当代服装图案设计与创作中，设计不能仅停留在对应景补子或应景织物纹样的复刻，这种模式容易形成设计壁垒，应当把设计元素提炼整合，形成具有明代风格特征、图案造型特点和当代审美情趣的服装设计作品。

本章中的服装系列设计作品是以清明秋千纹、端午艾虎纹、七夕鹊桥纹、重阳菊花纹、十二章纹等应景图形为基础进行的再设计。设计作品探讨当代女装与明代应景图案、传统五行五方色和明代服装款式结构的结合方式，将古典纹样应用于当代高级成衣，致力于打造舒适典雅国潮范儿的中华美学。

一、清明应景纹的设计创新之清明秋千纹

约成书于明代隆庆至万历年间的《金瓶梅》是一部描写晚明市井生活的现实主义巨作，书中多次提及中华传统节日活动。在第二十五回中作者描绘了清明时节家眷打秋千消春困的场景，图8-1所示的木版雕刻插图便是展示了这一场景：所谓清明时节“家家树秋千为戏”[1]。画面中出现的元素与本书第六章第三节所分析的明代清明秋千纹特征相一致。该画面生机盎然、活力四射，木版雕刻的笔触痕迹具有很浓厚的传统韵味，因此将其作为清明应景纹样元素的主要借鉴纹样。在具体设计中，应用平行对称、拆解、位移等组织方式，如图8-2所示，这种组织方式参考了当代纺织品图案造型风格之一的朱伊纹样[2]。《金瓶梅》中木版雕刻插图的题材表达方式与朱伊纹样的表达方式非常相似，可见明代大约自14世纪中叶到17世纪中叶时就已然出现了这种相似的艺术表达形式，只是未出现在纺织品中。该设计把朱伊纹样的构图形式与明代清明应景秋千纹的故事叙事表达进行了融合。图案色彩上使用了传统色胆矾蓝与雪白，因为明代清明节与寒食节合并，为去冬日的一百五十日后的春季（参阅第二章第二节），五色属青（参阅第三章表3-1-1），所以通过冷色调搭配来表达五行五方学说的由冬置春的色彩观念。

---

[1] 明代永乐初年创，清代修订的《永平府志·风俗》记载。

[2] 朱伊纹样起源于十八世纪的法国朱伊小镇，图案造型注重写实化、情节化，题材多以人与自然进行刻画，以椭圆形、菱形、多边形、圆形构成各自区域性中心，其内配置人物、动物、神话等古典主义风格的内容，图案造型多是描绘贵族休闲的生活状态，通过画面展现一种生活记忆。

图 8-1　明代《金瓶梅》第二十五回插图木版刻画

PANTONE 17-4530 TPG

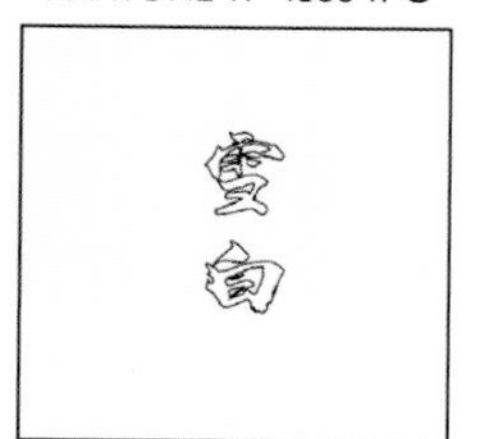

PANTONE 11-0602 TPG

图 8-2　明代应景清明秋千纹样图形设计与配色

二、端午应景纹的设计创新之端午艾虎纹

如图8-3所示，藏于故宫博物院的明代红地奔虎五毒妆花纱裱片，上面织有叼艾草的老虎，即为衔艾之虎，艾虎身旁配有五毒纹样，这便是端午时节具有应景特征的应景纹。该老虎头部圆润，全身饰有条纹，姿态憨厚，这种"萌"的特征更受当代女性的青睐，因此选用该图案作为设计图形的主要借鉴纹样。该文物织片中老虎为半身二方连续排列，虎形并不完整，因此在设计中通过电脑AI图像计算，将虎形复原，如图8-4所示。为突出艾虎柔软的毛发与敦厚的造型，在艾虎轮廓边缘使用点状装饰线围绕，形成一个单元形态的单独纹样造型。根据五行学说，夏季对应赤与黄两色，黄色为夏末的颜色（参阅第三章表3-1-1），端午在仲夏时节，表现在裱片中为"红地棕虎"，也是对赤黄两色的对应应用。因此，在创新图案色彩设计的搭配上，也遵循了这种配色方式，虎以岩石棕色并辅以玳瑁黄与玄色表现虎纹，艾草着以古朴的传统晚波蓝色，传统的红地赤色背景，调和入黄色，使"赤"色变得更为温润古朴。

三、七夕应景纹的设计创新之七夕鸟衔花枝鹊桥纹

无锡七房桥明代钱樟夫妇墓出土了大量的明代服饰纺织品，被誉为"钱樟衣橱"，这为明代应景纹样提供了大量的参考素材。其中，缎纹暗花织物有很多鹊鸟的图案元素，如图8-5所示的女夹袄上，喜鹊展翅，身形婀娜，鸟喙衔有梅花枝干，寓意喜鹊登梅，象征喜报，与七夕应景鹊桥纹的符号象征意义相似，因此选取该文物图案复刻鹊鸟纹，并应用在当代服装设计之中。明代传统宫闱内的应景补子是圆形或者方形的适合纹样造型，出现在胸背位置，当代服装图案创作与应用时也可借此表现这种表现方式，如图8-6所示七夕鸟衔花枝鹊桥纹的设计中，将鸟衔花枝纹以圆形适合的方式进行呈现，鸟衔花枝纹图案造型丰富、图案饱满、肌理感强，似窗花

图 8-3　明代红地奔虎五毒妆花纱裱片（故宫博物院藏）

PANTONE 14-1038 TPG
PANTONE 17-4716 TPG
PANTONE 19-1111 TPG
PANTONE 18-1050 TPG
PANTONE 19-1250 TPG

玄

晚波蓝

玳瑁黄

岩石棕

赭　石

图 8-4　明代应景端午艾虎纹样图形设计与配色

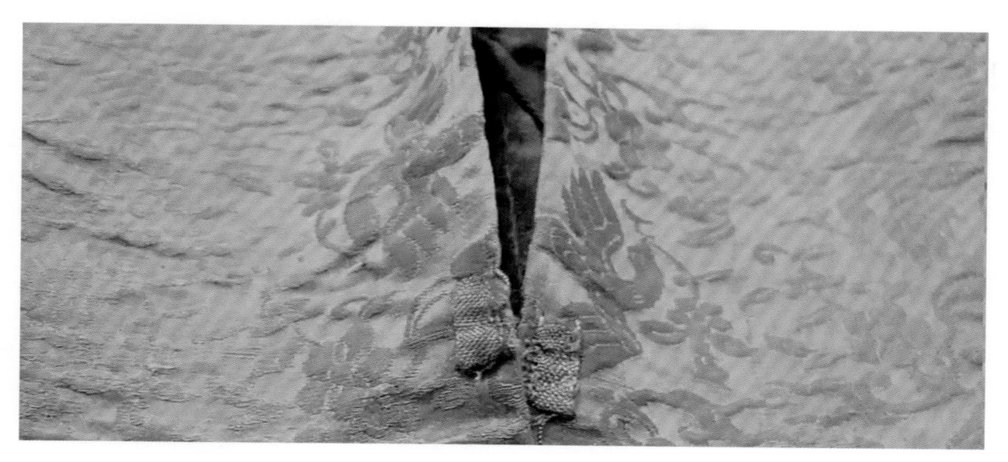

图 8-5　无锡钱樟夫妇出土明代鸟衔花枝纹缎夹袄局部
（无锡博物院藏）

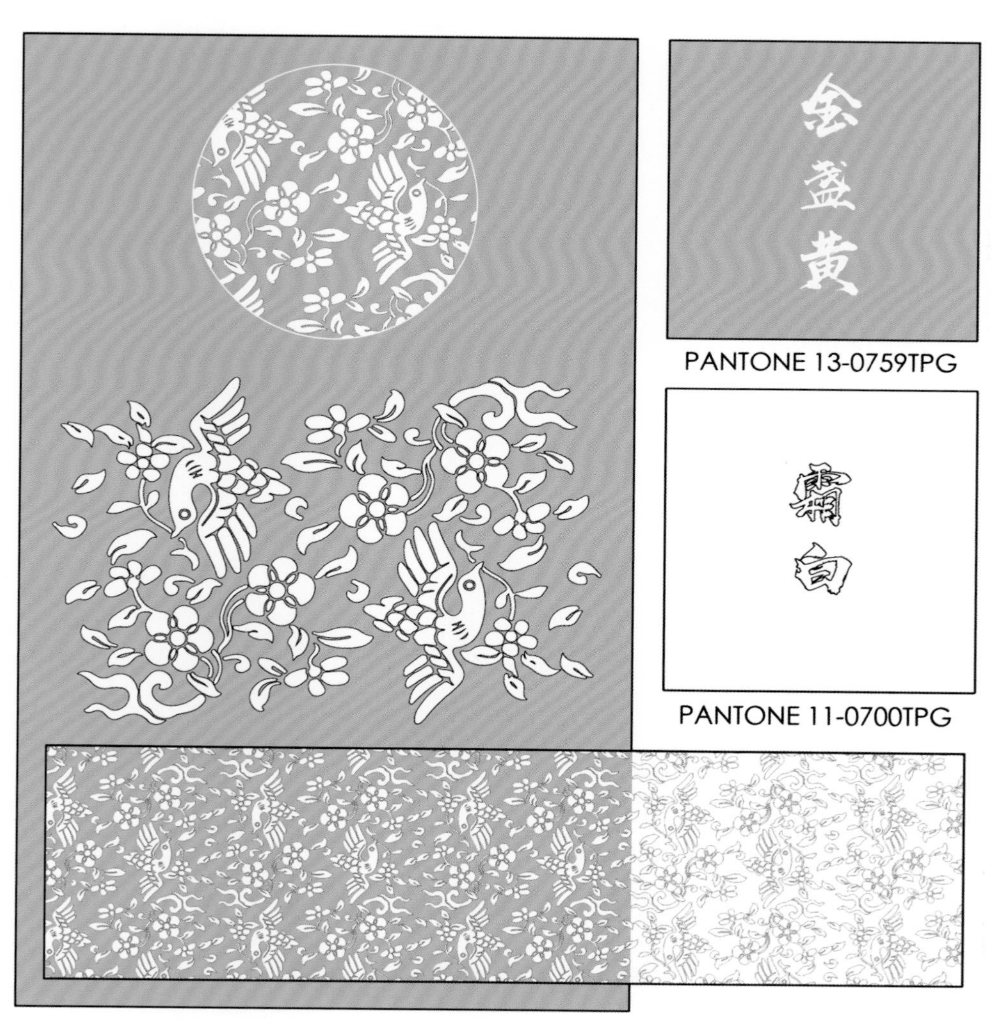

图 8-6　明代应景七夕鹊桥纹样图形设计与配色

的剪影造型塑造的圆形适合纹样使整体造型简洁且具有传统韵味；另一种设计方式则是将复刻的鸟衔花枝纹单元体以二方连续的组织形式进行的满印设计，图形饱满且肌理感丰富。七夕节一般处于夏季或秋季，季节不定，根据五行学说季夏之末谓之黄，孟、仲、季秋谓之白（参阅第三章表3-1-1），因此图案色彩上使用了传统色金盏黄与霜白进行塑造。

四、重阳应景纹的设计创新之重阳缠枝菊花纹

根据第六章第七节中关于明代重阳菊花纹的表现特征，不难发现，明代在织物上呈现的应景菊花纹多是以满印的四方连续造型组织形式出现的，但在明初期洪武年间的瓷器中，就已经出现了二方连续所塑造的扁平菊花纹，如图8-7所示。虽在现存考古文物中并未发现服装服饰品中的二方连续菊花纹，但这种形式是有可能存在的。因此作为一种对于未发现的纹样图形的探讨，尝试将二方连续菊花纹与当代服装设计进行结合创新，设计了图8-8中的二方连续的重阳应景缠枝扁平菊花纹，体现了传承与创新的统一。图案元素参考了明初期瓷器中的二方连续缠枝扁平菊花纹造型，以缠枝簇拥菊花，丰富整体画面感，仿照瓷器中扁平菊花纹花瓣的塑造形式，使用阴阳花瓣叠拼的形式塑造，一改明代现存织物纹样中单一剪影花瓣造型，且仍保持了简约扁平的明代视觉风格特征。二方连续的条带状图形在明代常被应用在膝襕，或者裙摆的角隅处，因此在当代服装的设计中也借鉴这一点，即“借次表主”的设计手法，在服装的次要结构肩带细部设计了服装造型的核心图形，用次部图案细节来呈现主要造型特征。重阳节为秋季节令，在五行学说中秋谓之白，但如将菊花设计为白色，则带有不祥或哀惋之意，因此，设计菊花花瓣阴阳二色，阳色为霜白，阴色为釉蓝，而釉蓝、青蓝的使用，又使图案纹样具有青花瓷的风格，服装整体更加秀美、雅致。

图8-7 明洪武时期釉里红缠枝菊纹大碗（上海博物馆藏）

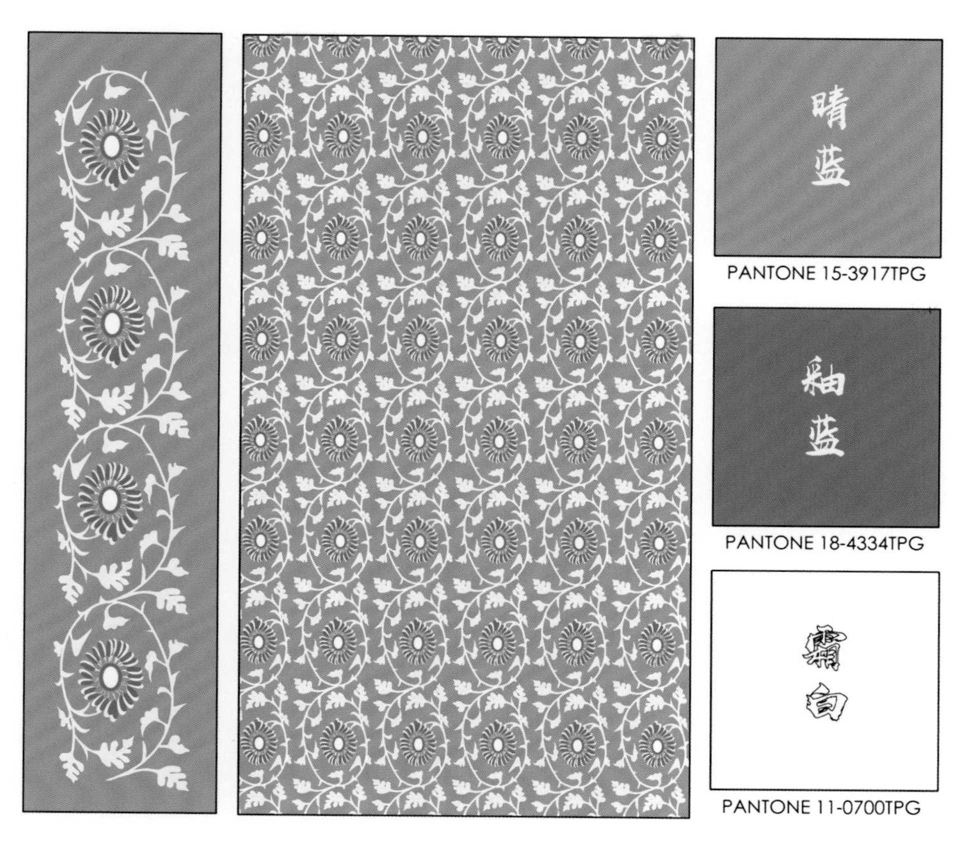

图 8-8　明代应景重阳菊花纹样图形设计与配色

五、明代应景纹样在服装中的设计创新

服装与服装图案之间不是相互粘贴的关系，而是相互融合的关系，因此除服装图案自身的设计之外，纹样的应用方式也至关重要。它包括：使用图案的工艺形式、图案与面料之间的特性关系、图案与服装整体款式结构搭配关系、图案与服装色彩搭配形式、系列服装的整体造型风格与图案风格的一致性等因素。

本章的服装设计作品以明代应景纹样本身为出发点进行设计，探讨了明代服装面料材质、明代服装款式结构同当代服装款式结构之间的融合关系。

首先，从服装面料材质和用色上来讲，明代的纺织业非常发达，尤其是到明代中后期，丝织业高度繁荣，全国多处设置织染局，生丝产品被大量地生产销售，且销往海外。同时染色水平不断完善与发展，服饰产品的奢靡之风高涨，影响了民间社会层面的服饰变化，人们对于服饰色彩的使用常常出现僭越的情况，因此，明末后期服装色彩多样、艳丽非凡。本章服装设计作品的风格调性，也遵从了明代中后期服饰色彩绚丽的特性，且选用天然桑蚕丝弹力缎面料营造波光粼粼的视觉感受。为加强这一风格调性，部分款式在设计面料使用时，使用了“反差”的设计手段，反差巨大的事物往往能给人很大的情感波动，这也是服装设计师经常会使用的设计手段，“反差”

也可以理解为“对比”，在本章的服装设计作品中，部分服装款式将真丝丝绒、十二章纹真丝香云纱面料（图8-9）与真丝弹力缎进行合用，亚光的丝绒和香云纱与波光粼粼的真丝弹力缎，形成了视觉反差，更突显了真丝弹力缎的流光溢彩。香云纱起源于中国，是广东省佛山市顺德区特产，具有一千多年的历史文化，是世界纺织品中唯一用纯植物染料薯莨（又名赭魁）染色的丝绸面料，被列入国家非物质文化遗产，在明代《本草纲目》就有记载：“其根如魁,有汁如赭,故名。赭乃酒器。赭魁，闽人用入染青缸中,云易上色”，指的就是薯莨。香云纱制作工艺复杂，需要经过多次的晒莨，即被薯莨浸色过的丝绸进行晾晒，并在珠江水系出海口的特殊河泥中过泥，才能在面料中出现亚光的质感。

图8-9 十二章纹香云纱面料及图形

其次，从服装款式结构上来讲，明代冠服之制奠定了汉族女子服饰的基本样貌，除头冠外，常见的常服上衣多以衫、袄子、比甲、褙子与下裳马面裙、裤进行搭配，礼服也有翟衣、大衫霞帔、鞠衣等。明代汉族女子服装整体廓型非常大，造型繁复，这种款式特征并不适用于当代市场化女装产品，因此在设计创新时，将明代特有的汉服款式结构进行摘取、转化并应用在当代女装中，形成具有明代汉文化结构特征但又符合当代女性审美与需求的市场成衣化女装产品。

如图8-10所示的马面裙装，是明代女子的典型搭配。马面裙共有四个裙门，两两重合，裙门呈长方形且左右有褶，这是马面裙的重要结构。如图8-11（a）所示的当代女装设计中，仍保留裙装造型特征，但简化了马面的穿着结构，将裹裙结构改为胯骨A字形套裙结构，更适用于当代女性的着装；如图8-11（b）所示的设计方法，则是使用了“位移”的方法，将马面裙正面结构特征应用在上衣衬衫背部育克之下，不但增加了服装围度的舒适性，更提升了服装的细节表现力。

图8-10、图8-12中所呈现的是窄袖上衣款式：衫多为暑热季节穿着，因而所用面料也多为纱或罗，便于透气散热，这也是明代汉族女装的款式特征之一。传统明代衫同其他朝代的传统服装款式一样，都是整片布幅剪裁，与当代服装中的袖笼结构相比，更为节省面料，这也体现了中华传统节俭的美好品德。但在当代批量化的大货生产中，这种“高级定制”的裁剪方式不能满足批量化裁衣生产体系，因此图8-11中右侧上衣的款式结构是利用当代大货成衣生产线的裁片式剪裁所设计，借鉴西方立体剪裁塑造改良旗袍的思路，通过落肩的结构设计方式形成仿明代衫的廓型结构。当代旗袍的剪裁大致分为两种，一种是传统式的一片布幅剪裁，服装款式没有肩线结构，这种设计方式更贴近于传统旗袍；另一种则是使用西式前后裁片式剪裁，这类设计则更有利于对传统服装进行再设计。

图8-10　明代成化《新年元宵景图》局部（国家博物馆藏）

（a）

（b）

图 8-11　马面裙结构在当代女装成衣中的结构设计转换

中国古代有“以右为尊”的传统理念，而明代衫使用的便是“Y”字形交领右衽门襟结构，这也是明代汉服中的重要款式特征之一。这种门襟是一种不对称式结构，体现了古人超前的审美感知，在当代这种不对称式服装设计方法能为服装的视觉结构带来一些新奇。图8-13中的服装，便是使用了“解构”这一造型手法进行的探索和运用，在以明代衫款式结构为灵感设计时，放大交领右衽的不对称式结构，将西方翻领与中式交领结合，且在服装廓型、不同区域的面料组织中也释放了这种不对称关系，带给人们“犹抱琵琶半遮面”“横看成岭侧成峰”的审美情趣。

图8-12 《三才图会·衣服三卷》中的上衣款式“衫”

如图8-14所示，明代贵族女性礼服常配有大衫霞帔，霞帔为两条蓝色绣带，从背部绕过头颈，披挂于胸前，顶端缀有一颗金坠，背部有纽襻与衣服相联，以固定位置。当代礼服中的侧背绶带便也是借鉴了霞帔这种款式结构，两者的内涵意义也是相似的。在图8-16的当代女装设计中，也借鉴了这种双带过肩的款式结构，作肩带的同时又有饰带的功能，服装款式正面简洁流畅，符合当代服装的审美结构特点，背部的及膝飘带营造出灵动飘逸，重阳菊花纹的二方连续图案恰可应用在此结构当中，同明霞帔图案装点方式相一致。

除大衫霞帔的款式造型突出外，明代褡护的款式也颇具特色（图8-15）。褡护在明代是男装着装款式，当代女士汉服中也常见有用褡护作女装半臂使用的案例，且深受汉服文化圈消费者喜爱。褡护为无袖薄衫，裙摆两侧有特别凸出的长方形外摆，这个外摆过去的作用是遮挡步行时侧边的分叉开口，功能类似于当代服装门襟的内挡片，这种功能需求显然在当代服装中并不需要，因此在设计转换时更多的则是考虑如何把褡护的款式功能特点转化为服装装饰结构，在图8-17中的当

图 8-13　明代款式“衫”在当代女装成衣中的结构设计转换

图 8-14　明代早期彩绘稿本编纂《明宫冠服仪仗图》霞帔大衫

图 8-15　明代白色素纱褡护（山东博物馆藏）

图 8-16　明代款式“霞帔”在当代女装成衣中的结构设计转换

图 8-17　明代款式“褡护”在当代女装成衣中的结构设计转换

代女装设计中，将褡护外摆凸起的结构作为细节装饰应用在了正面门襟边缘处，这使服装的视觉中心更为突出，同时该上衣款式也参考了明代汉族女装半臂的夏装款式结构与U形坦领的传统领型设计，服装的传统风格更加明显。

明代比甲也是明代汉族女子着装中的款式代表，比甲属于马甲类，如图8-18所示，比甲无袖，长至臀部，对襟，两侧开衩，在宫闱内有时也见应景纹样的比甲出现。作为一种外部着装，穿着比甲可以营造非常丰富的叠穿效果，且明代出现了金属纽扣，改变了传统千年以来的带结习惯，影响意义非凡。图8-19的当代女装设计，也延续了这种表达形式，并且在内层设计了对襟袍服呼应比甲的对襟效果，凸显了明代服装大廓型的款式特点。鉴于明代比甲也多用应景纹样，因此在款式设计中也可增设不同应景纹样辅以装饰。

图 8-18　明代孝靖皇后刺绣比甲

明代服装款式品类多样，服装结构特征也纷繁多样，凸显了明代汉族人民的智慧和中华文化的博大精深。在本章其他当代女装的设计中，除以上提及的明代服装款式结构外，也大量运用了其他结构进行设计，如褙子、襕衫、青衣、中单等，并结合了当代的艺术设计手法与图案运用形式进行了创新。

如图8-20所示的明代应景纹样在当代女装服装设计作品中的应用，服装款式开发更注重于市场产品的需求，因此服装款式造型上设计得更加简约，以符合当代市场化产品的审美需求。整个系列作品遵循了传统“五行五方”色彩的理论体系。色彩在系列设计中的把握也是最难的，因此在设计时将色调进行一定的顺序排列，形成具有节奏韵律感的色彩关系。

通过对明代应景纹样的研究，探索了中国传统服饰图案的价值与多元化应用，希望为今后设计具有明代传统应景纹样和明代服装风格服饰的创新提供参考，为我国民族服饰文化的传承与发展提供助力。

图 8-19　明代款式“比甲”在当代女装成衣中的结构设计转换

图 8-20　明代应景纹样在当代成衣中的结构设计转换

第九章

明景华章·服装设计

明·清明秋千纹·插片女比甲裙

服装设计：赵晓曦

模　　特：熊婉卉

明·清明秋千纹·解构女衫裙

服装设计：赵晓曦

模　　特：周涵婷

明·清明秋千纹·褡护女开衫

服装设计：赵晓曦

模　　特：熊婉卉

明·清明秋千纹·襕衫假两件裙

服装设计：赵晓曦

模　　特：周涵婷

明·重阳缠枝菊花纹·霞帔女带裙

服装设计：赵晓曦

模　　特：周涵婷

明·袄衫香槟袍

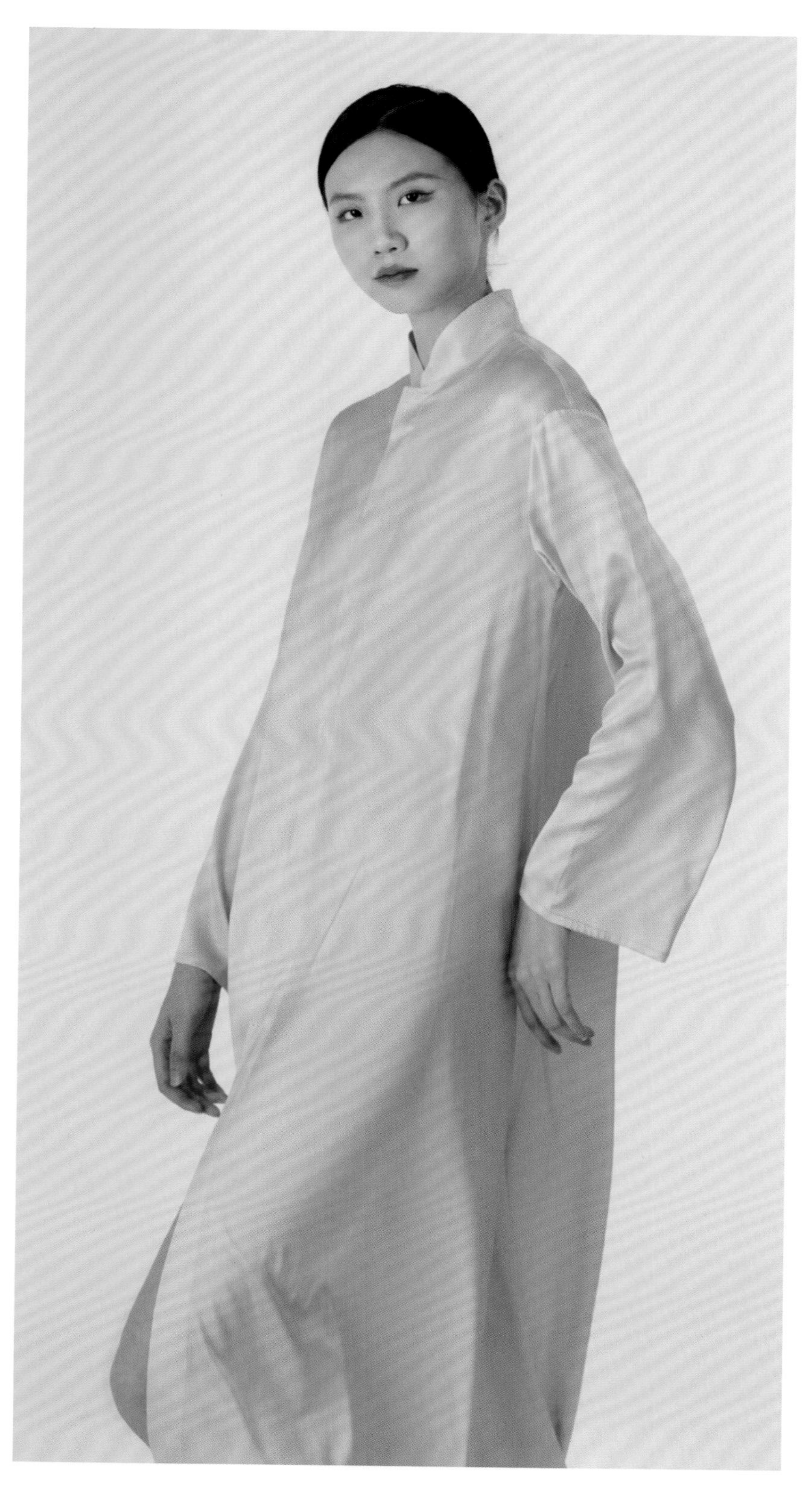

服装设计：赵晓曦
模　　特：周涵婷

明·七夕鸟衔花枝鹊桥纹·坦领半臂裙

服装设计：赵晓曦
模　　特：熊婉卉

明·七夕乌衔花枝鹊桥纹·衫衣改良马面裙

服装设计：赵晓曦

模　　特：周涵婷

明·红地十二章纹·女比甲

服装设计：赵晓曦

模　　特：周涵婷

明·红地十二章纹·夹衣套

服装设计：赵晓曦

模　　特：熊婉卉

明·端午艾虎纹·马面衫衣套

服装设计：赵晓曦

模　　特：周涵婷

参考文献

[1] 董进."祀天祭时则黄袍"略考[J]. 艺术设计研究, 2012(1): 62-67.

[2] 王群山，等. 明服初考[M]. 北京: 中国纺织出版社, 2020.

[3] 汪涛. 颜色与祭祀: 中国古代文化中颜色涵义探幽[M]. 上海: 上海古籍出版社，2018.

[4] 李惠芳. 传统岁时节日的形成及特点[J]. 武汉大学学报(哲学社会科学版), 1994(5): 112-117.

[5] 张勃.《宛署杂记》中的岁时民俗记述研究[J]. 节日研究, 2010(2): 125-145.

[6] 徐文跃. 一线初添日渐长——明清宫廷冬至风俗中的阳生、绵羊太子纹样[J]. 紫禁城, 2018(12): 146-156.

[7] 韩梅. 元宵节起源新论[J]. 浙江大学学报(人文社会科学版), 2010, 40(4): 96-105.

[8] 易弘扬. 明代札甲形制考——以《出警入跸图》和《倭寇图卷》为例[J]. 文物鉴定与鉴赏, 2021(12): 66-68.

[9] 白瑶瑶. 从宫廷画作《出警入跸图》窥探明代仪仗服饰[J]. 中国美术研究, 2021(1): 41-47.

[10] 朱红. 唐代节日民俗与文学研究[D]. 上海: 复旦大学, 2003.

[11] 王业宏. 明清时期戏曲文本插图中服饰的程式化特征——以男蟒服为例[J]. 艺术百家, 2020, 36(2): 132-139.

[12] 张志云. 礼制规范、时尚消费与社会变迁: 明代服饰文化探微[D]. 武汉: 华中师范大学, 2008.

[13] 杨玲. 北京艺术博物馆馆藏明代大藏经丝绸裱封研究[M]. 北京: 学苑出版社, 2013.

[14] 卞向阳, 李梦珂. 明代婚礼服饰的艺术特征与影响因素[J]. 服装学报, 2019, 4(6): 531-537.

[15] 梁惠娥, 张书华. 明代宫廷岁时节日服饰应景纹样与民间节俗关系研究[J]. 创意与设计, 2016(5): 40-47.

[16] 雷文广. 符号学视角下明晚期宫廷应景丝绸纹样的解析[J]. 武汉纺织大学学报, 2017, 30(4): 44-48.

[17] 周法高. 金文诂林补[M]. 台北: 历史语言研究所, 1982.

[18] 许哲娜. 色彩符号化与春秋战国时期君主神化一圣化机制——以五时五方服色符号为中心的考察[J]. 天津社会科学, 2019(6): 154-160.

[19] 李锐. 早期中国的天人合一[J]. 北京师范大学学报(社会科学版), 2019(1): 114-120.

[20] 阎步克. 宗经、复古与尊君、实用(中)——《周礼》六冕制度的兴衰变异[J]. 北京大学学报(哲学社会科学版), 2006(1): 95-108.

[21] 何星亮. 中国图腾文化[M]. 北京: 中国社会科学出版社, 1992.
[22] 龚世学. 图腾崇拜与符瑞文化的产生[J]. 天府新论, 2011(1): 128-133.
[23] 雷文广. 明清帝王服饰中“十二章”纹样的排列、造型比较及影响因素[J]. 丝绸, 2021, 58(4): 87-94.
[24] 沈志忠. 二十四节气形成年代考[J]. 东南文化, 2001(1): 53-56.
[25] 陕西省考古研究所, 西安交通大学. 西安交通大学西汉壁画墓[M]. 西安: 西安交通大学出版社, 1991.
[26] 李零. 曾侯乙墓漆箱文字补证[J]. 江汉考古, 2019(5): 131-133.
[27] 杨联陞. 国史探微[M]. 沈阳: 辽宁教育出版社, 1998.
[28] 余雯蔚, 周武忠. 五色观与中国传统用色现象[J]. 艺术百家, 2007(5): 138-140.
[29] 王文娟. 五行与五色[J]. 美术观察, 2005(3): 81-87, 100.
[30] 贾春增. 国外社会学史[M]. 北京: 中国人民大学出版社, 2005.
[31] 李炎, 徐适端. 明代市镇纺织业及其发展[J]. 重庆社会科学, 2008(10): 107-109.
[32] 李厚泽. 中国古代思想史论[M]. 北京: 人民文学出版社, 2021.
[33] 柳诒徵. 中国文化史（上）[M]. 吉林: 吉林人民出版社, 2013.
[34] 罗姝.《诗 · 周南》“麟”意象考论[J]. 中国文化研究, 2010(2): 160-166.
[35] 华梅, 等. 中国历代《舆服志》研究[M]. 北京: 北京商务印书馆, 2015.
[36] 李霞. 七夕节的民俗文化功能[J]. 沧桑, 2010(10): 155-156.
[37] 顾凡颖. 历史的衣橱[M]. 北京: 北京日报出版社, 2020.
[38] 许秀娟. 麒麟文化的变迁与中外文化交流发展的关系[D]. 广州: 暨南大学, 2003.
[39] 赵晓曦. 明代麒麟纹在当代中式婚礼服中的应用研究[J]. 流行色, 2020(1): 88-89.
[40] 贾玺增, 崔闯. 明清纺织服饰灯笼纹[J]. 服装学报, 2020, 5(1): 66-77.
[41] 陈娟娟. 宫灯和灯笼锦[J]. 紫禁城, 1981(1): 40-41.
[42] 赵丰. 织绣珍品——图说中国丝绸艺术史[M]. 香港: 艺纱堂. 服饰出版, 1999.
[43] 陈洛嵩, 陈福刁. 秋千考[J]. 体育文化导刊, 2014(4): 152-155.
[44] 陈丽珠. 民族体育文化概论[M]. 北京: 中央民族大学出版社, 2015.
[45] 王毓荣. 荆楚岁时记校注[M]. 台北: 文津出版社, 1988.
[46] 郑学富. 端午节是古人的“卫生防疫日”[J]. 华夏文化, 2020(2): 48-50.
[47] 叶舒宪. 玉兔神话的原型解读——文化符号学的N级编码视角[J]. 民族艺术, 2014(2): 32-37, 44.
[48] 郑丽虹. 明代应景丝绸纹样的民俗文化内涵[J]. 丝绸, 2009(12): 53-57.
[49] 汪小虎. 中国古代历书的编造与发行[J]. 新闻与传播研究, 2020, 27(7): 111-125, 128.

后 记

从项目的申请、学校初选推荐、专家评审直到最终项目完成，首先要感谢北京市教育委员会对该项目的肯定与支持；感谢北京服装学院各级领导和相关部门的关怀照顾；感谢项目组所有成员的辛勤付出与校外专家的学术支持；感谢中国纺织出版社有限公司魏萌老师、亢莹莹老师的帮助；感谢北京高精尖学科建设平台的支持。在新冠肺炎疫情的大背景下，项目的执行过程和书写过程受到了一些不确定因素的影响，但最终能顺利完成该项目，与老师、同学们和学校各部门的辛勤付出是分不开的，在此表示衷心的感谢！

本人在项目的研究与设计过程中，深刻体会到明代应景纹样在今天依然具有的时代魅力，当今时代下，中华传统文化的许多部分越来越被人们所了解和认同，但对于与传统节日相关的服饰纹样却知之者甚少，更遑论理解其背后的文化内涵，如果本研究能为应景纹样的传承与发展做出一些贡献，让大众更多地认知中华传统节日和服饰纹样背后的深层文化意蕴，进而在当今社会生活中通过穿着、研究等形式展现它的精神风貌将是本人最大的心愿。由于时间的限制，仅拍摄了部分服装作品应用于书稿中，资料的收集和本人认识有限，如有不足之处也请各位同仁和读者批评指正。

本人将以本次北京市教育委员会社科基金项目为契机，继续探索中国传统服饰图案的传承与创新应用发展，继续深化明代应景纹样在当代不同服装领域的设计与应用研究，弘扬中华传统优秀文化，在实践中“承古拓新”。

2022年9月于北京服装学院